# 植物学实验教程

李凤兰　主编

中国林業出版社

**图书在版编目（CIP）数据**

植物学实验教程/李凤兰主编．－北京：中国林业出版社，2007.4（2020.8 重印）
ISBN 978-7-5038-4752-3

Ⅰ．植…　Ⅱ．李…　Ⅲ．植物学-实验-高等学校-教材　Ⅳ．Q94-33

中国版本图书馆 CIP 数据核字（2007）第 024594 号

**出　版**　中国林业出版社（100009　北京西城区刘海胡同 7 号）
**网　址**　http://www.forestry.gov.cn/lycb.html
**E-mail**　jiaocaipublic@163.com　**电话：（010）83143555**
**发　行**　中国林业出版社
**印　刷**　河北京平诚乾印刷有限公司
**版　次**　2007 年 4 月第 1 版
**印　次**　2007 年 4 月第 1 次
　　　　　2020 年 8 月第 4 次
**开　本**　787mm×960mm　1/16
**印　张**　11　彩插　9 面
**字　数**　200 千字
**印　数**　11 001～14 000 册
**定　价**　28.00 元

# 《植物学实验教程》
# 编　写　组

**主　编**　李凤兰

**副主编**　郭惠红　刘忠华

**编　者**　李凤兰　郭惠红　董　源　高述民

刘忠华　胡　青　杨成云

# 目　录

# 前　言

植物学是一门实践性很强的专业基础课，而实验、实习是植物学教学中的重要环节，是课堂教学的重要补充，也是对学生动手能力和自主学习能力培养的重要环节。如何实现实验课与理论教学的紧密衔接，处理好验证性与探究性实验的关系，真正体现实验课的特点，体现在能力培养方面的特色，这是实验课教师一直在努力解决的问题。

本教程是高等林业大学和农业大学生物学、林学、园林、园艺、环境、水保、草业、草坪等十多个专业的植物学实验课教材，是北京林业大学植物学教研组新、老教师多年来在教学改革实践的基础上编写完成的。在多年来的教学改革实践及与校内外同行的共同交流中使我们深切地体会到，植物学实验课的改革势在必行，适当减少验证性实验，增加让学生发挥自主学习能动性的探究性实验是必要的，也是21世纪对高素质、创新性人才培养的需要。然而经典的不等于是落后的，因为植物学实验是专业基础课，还承担着为其他后续课程夯实基础的重要任务。因此有些植物学实验课中的经典内容，我们仍然保留了。如洋葱鳞片叶表皮细胞、毛茛根、向日葵幼茎、椴树茎横切等表现植物基本结构的观察。同时，也注意增加了一些促进学生思考、探究问题的实验内容。如给学生一段木质结构的部分，让同学通过外部形态观察和木材切片机自己制作临时装片观察，确定老根与老茎的区别等。

在实验材料的选择上既考虑到经典的传统的材料，又考虑到专业的特色，尽可能选择北方常见木本植物。

在植物分类部分的实验教学中，我们一直采取让学生解剖新鲜植物材料，通过工具书鉴定、检索、认识植物材料所属的科、属、种，在获得感性认识的基础上，教师进行理论上的提升和总结。这样的学习既符合由实践到理论、由点到面的认识规律，又强化了学生动手和学习能力的培养。因此，在内容安排上我们淡化了分类系统中目的概念。

本教程共包括13个实验和11个附录，是一本全面系统的植物学实验指导书。在每一个实验内容后面都设置了相应的思考题，目的是促进学生带着问题去做实验，培养他们的探究意识及动手能力，从而高效地将理论知识与实践知识有机结合。附录涉及普通光学显微镜、实体解剖镜及研究用显微镜，制片技术，植物标本的采集、制作和保存，植物检索表的编制与使用，常用试剂的配制与使用，植物的命名及拉丁字母发音等，尤其还包括了研究用组织化学染色方法及检查花粉在柱头上萌发和花粉管在花柱中生长的制片方法的介绍。这些内容全面、简明、实用，查阅方便，适于学生及其他相关人员学习和研究使用。

实验1、2、8及附录1~7由李凤兰教授编写；实验3、4、11由高述民副教授编写；实验5、6、7及附录10、11由郭惠红副教授编写；实验9、10由董源教授、胡青实验师编写；实验12、13由刘忠华副教授、胡青实验师、杨成云实验师编写；附录8、9由刘忠华副教授编写。全书由郭惠红副教授统稿，李凤兰教授、周静茹教授通读、审定。

本教程适用于农林院校生物学、林学、园林、园艺、环境、水保、草业、草坪等相关专业的学生使用，也可供其他相关专业人员使用。不同的学校及专业可根据实际情况选择合适的实验内容。

由于编者理论水平和经验所限，在实验的编排和内容选择上难免会出现一些错误和不当之处，恳请兄弟院校同行和前辈们批评指正。

编 者

2006年11月25日

实验 1

# 植物细胞的结构与代谢产物

细胞是大多数生物形态结构和生命活动的基本单位。植物细胞区别于动物细胞的显著特征是其具有细胞壁、质体和液泡。鉴于光学显微镜的分辨率仅有200nm左右，因此在光学显微镜下，可观察到的细胞结构包括细胞壁、细胞质、细胞核、质体和液泡［经特殊的0.001%詹那斯绿（Janus green）染色也可观察到线粒体］，我们称之为显微结构。而在电子显微镜（分辨率一般在0.4nm）下，可进一步观察到质膜、内质网、核糖体、高尔基体等细胞器，我们称之为超微结构。植物细胞中还含有多种代谢产物。

## 【实验目的与要求】

（1）了解植物细胞在光学显微镜下的基本组成和形态结构特点。

（2）学习用显微化学的方法鉴定植物细胞中贮藏的内含物的种类。

（3）学习临时装片法。

## 【实验材料与用品】

（1）永久制片：①柿 *Diospyros kaki* L. f. 胚乳；②蓖麻 *Ricinus communis* L. 胚乳。

（2）新鲜材料：洋葱 *Allium cepa* L. 鳞片叶；红辣椒 *Capsicum frutescens* L.、番茄 *Lycopersicon esculentum* Mill.、西瓜 *Citrullus lanatus*（Thunb.）Mansfeld 果肉；马铃薯 *Solanum tuberosum* L. 块茎；花生 *Arachis hypogaea* L.、蓖麻、银杏 *Ginkgo biloba* L.、板栗 *Castanea mollissima* Blume. 种子；核桃 *Juglans regia* L. 子叶；莲 *Nelumbo nucifera* Gaertn. 藕（根状茎）；万寿菊 *Tagetes erecta* L.、月季 *Rosa chinensis* Jacq.、牵牛花 *Pharbitis* Choisy、金盏菊 *Calendula officinalis* L.、旱金莲 *Tropaeolum majus* L. 花朵。

（3）试剂：1%碘－碘化钾溶液，0.01%碘－碘化钾溶液，苏丹Ⅲ溶液。

（4）实验用品：显微镜、放大镜、镊子、解剖针、刀片、培养皿、滴瓶、载玻片、盖玻片、擦镜纸、吸水纸等。

## 【实验内容】

## 1 永久制片的观察

### 1.1 柿子胚乳

观察柿种子胚乳细胞相邻细胞之间的极细的胞间连丝（彩版 1-1）。注意柿子胚乳细胞中心部分是细胞腔，其内的原生质体染成深色，周围很厚的部分是其初生壁，内储存丰富营养，种子萌发时酶解消化后供幼胚发育。

### 1.2 蓖麻胚乳

蓖麻胚乳细胞中可观察到储藏的蛋白质——糊粉粒，它是由一个球晶体和 1 至数个拟晶体组成。

## 2 临时装片观察

### 2.1 光学显微镜下的细胞形态结构

撕取洋葱鳞片叶内表皮（用刀片在鳞叶内表面划出一“井”字，再用镊子撕取，用蒸馏水封片。为了将细胞核等结构看得更为清晰，可在盖玻片一侧滴一滴 1% 碘 - 碘化钾溶液，然后用吸水纸从另一侧将药液导入盖玻片内使表皮着色）制成临时装片，在光学显微镜下观察细胞的基本结构特点。

注意成熟的洋葱表皮细胞内液泡占据了大部分，细胞核及细胞质被挤到了细胞的边缘，细胞质成为紧贴细胞壁的一薄层。

### 2.2 植物细胞中有色体或花青素的观察

植物的茎、叶、花、果实等器官呈现出不同的颜色（彩版 1-2，1-3），它们的形成可能存在两种情况：一种是由于细胞质中的质体，如有色体中的叶黄素、胡萝卜素等，有色体常呈颗粒状、镰状、杆状、多边形等不规则形状。另一种可能是由于液泡中的水溶性花青素而形成的，花青素与有色体不同，无一定形状，在液泡中呈均匀分布（花青素在不同的 pH 条件下可呈现不同的颜色，因此在观察红色或蓝紫色花瓣中的花青素时，可在载玻片的一侧滴加酸性或碱性溶液，再用吸水纸从一侧将液体吸入盖玻片，观察花瓣表皮细胞中液泡的颜色变化）。

尝试用不同果实的果肉或撕取不同果实或花瓣的表皮，用蒸馏水封片，观察其细胞结构组成。

判断果实和花瓣颜色的成因：

果肉：番茄，西瓜；

花瓣：旱金莲，万寿菊，金盏菊，月季，牵牛花；

果皮：用刀片刮取红辣椒果皮上的果肉，仅剩一层表皮时制片观察其细胞结构特征。

### 2.3　显微化学方法鉴别细胞中的内含物

显微化学方法是应用一些化学试剂处理，使细胞内存在的代谢产物——内含物或贮藏物发生一定的颜色反应，通过镜检可判断其性质的方法。如细胞中三种贮藏物质（内含物）——淀粉、蛋白质、脂肪和油脂，即可通过此方法进行鉴别：

淀粉：滴加碘－碘化钾溶液后与溶液形成碘化淀粉，呈蓝色的颜色反应（注意：碘－碘化钾溶液一般是1%，浓度太高会使淀粉变黑，如观察不同植物材料中贮藏的淀粉粒上的层纹最好用0.01%的碘-碘化钾溶液）。

蛋白质（糊粉粒）：糊粉粒（彩版1-4）是植物细胞中贮藏蛋白质的主要形式，可用碘－碘化钾溶液鉴别，当碘液与细胞中蛋白质作用时呈现黄色反应，可见黄色颗粒状的糊粉粒（为了便于观察最好在滴加碘液之前先加1～2滴95%的酒精，将材料中的脂肪脱掉）。

脂肪和油脂：用苏丹Ⅲ的酒精溶液或苏丹Ⅳ的丙酮染液，呈现橘红色（如稍加热效果则会更好）。

尝试用下述几种材料为样品，分别鉴定各自的贮藏物性质：蓖麻种子（胚乳）、核桃种子（子叶）、花生种子（子叶）、银杏种子（胚乳）、板栗（子叶）、土豆块茎、藕（根状茎）。方法：用镊子（或刀片徒手切取薄片）取样品少许，涂于干净的载玻片上，滴加碘－碘化钾溶液，或苏丹Ⅳ，盖上盖玻片即可在显微镜下观察。

## 【思考题】

1. 什么是植物细胞显微结构，植物细胞的超微结构又是什么含义？包括哪些内容？

2. 生活中常见的植物器官的颜色可能是哪些因素决定的？如何在显微镜下迅速辨别？

3. 植物种子（子叶或胚乳）或某些储藏组织中所含的内含物（贮藏物）有几种类型？如何用显微化学的方法对此进行鉴定？

4. 柿子胚乳上的胞间连丝有什么作用？

# 实验 2

# 植物细胞的分裂和细胞质运动方式

在新陈代谢旺盛的植物细胞中可观察到细胞质运动的现象，主要有两种形式，一是转动式，一是循环式。细胞质转动的快慢与自身的代谢活动和外部环境条件有一定关系，如增强光照、升温的情况下，运动会加快，使用呼吸抑制剂则可使运动停止。植物细胞的分裂有三种形式，其中根尖、茎尖等旺盛分裂的部位是有丝分裂，有丝分裂也是体细胞的一种最普通的分裂方式。种子植物有性生殖时，花药或胚珠内的大、小孢子母细胞经历的是减数分裂，形成大、小孢子，进而形成雌雄配子。无丝分裂是最简单的一种分裂形式。

## 【实验目的与要求】

（1）了解有丝分裂与减数分裂的主要区别。

（2）学习用压片法制作根尖细胞的有丝分裂玻片标本。

（3）观察植物细胞不同的细胞质运动方式。

## 【实验材料与用品】

（1）永久制片：洋葱 *Allium cepa* L. 根尖，百合 *Lilium brownii* F. E. Br. var. *viridulum* Baker 花药（四分体时期）。

（2）新鲜材料：洋葱鳞茎，在实验前 3 ~ 5 天，将洋葱鳞茎部浸于水中（常温下进行发根，待根长至 2 ~ 3cm 备用）；黑藻 *Hydrilla verticillata* (L. f. ) Rich.（单子叶水鳖科植物，叶片绿色且薄适合整体装片观察，实验前 3 ~ 5 天从池塘中采集后放室内光下培养）；紫竹梅 *Setcreasea purpurea* Boom 花或吊竹梅 *Zebrina pendula* Schnizl. 花。

（3）试剂：固定离析液（6mol/L HCl 与 95% 酒精等量混合，此液既可迅速杀死细胞，保持细胞结构，又能溶解胞间，将细胞离散开）；醋酸洋红；龙胆紫。

（4）实验用品：显微镜、放大镜、镊子、解剖针、刀片、培养皿、滴瓶、载玻片、盖玻片、擦镜纸、吸水纸等。

【实验内容】

## 1　永久制片

### 1.1　洋葱根尖

注意根尖的各分区（根冠、分生区、伸长区、根毛区）细胞特点不同，只有分生区的细胞排列紧密，细胞小，核大，细胞质浓厚，具有旺盛的分裂能力。在分生区可观察到有丝分裂各个时期的分裂相。注意掌握各时期的主要特点：

前期：核仁、核膜消失，丝状的染色体出现。

中期：染色体排列在赤道板上（彩版1-5）。

后期：两组染色体单体分别在纺锤丝的牵引下，向两极移动（彩版1-6）。

末期：染色体到达两极后，开始时密集成团，后解螺旋形成两个子核，核仁、核膜重新出现（彩版1-7）。

### 1.2　百合花药横切

观察小孢子母细胞（彩版1-8）进行减数分裂后形成的四分体，思考与根尖有丝分裂的区别。

## 2　临时制片

### 2.1　用压片法制片观察有丝分裂相

切取洋葱根尖约2～3mm，迅速放入盛有固定离析液的青霉素小瓶中，处理10～20min（使材料足够软化但不可太长，否则会破坏染色体影响观察效果），吸去固定离析液，用清水洗1～2次，每次3min，然后将材料从小瓶中轻轻取出，放到干净的载玻片上，用解剖针轻轻将根尖捣碎，滴加龙胆紫（也可用醋酸洋红）染1～2min后，用滤纸吸去多余的染液，再滴加一滴蒸馏水，盖上盖玻片，用食指或吸管的橡皮头轻压，使根尖细胞均匀散开，即可置显微镜下观察。先用低倍镜找到分生区细胞集中的区域，再换高倍镜寻找不同的分裂相。

### 2.2　细胞质运动方式观察

生活细胞的细胞质运动方式包括两种形式，即转动式（细胞质按一个方向定向运动）和循环式（细胞内的胞质环流被液泡分割成几个小流，各个方向不同）。注意观察所用的两种材料内胞质环流形式是否相同。

黑藻：用镊子取黑藻（单子叶植物）一绿色幼嫩的叶片，放在干净的载玻片上，滴加一滴蒸馏水，盖上盖玻片即可上镜观察细胞内绿色的叶绿体在细胞质环流的带动下运动的情况（观察部位最好选叶子中脉附近的细胞）（彩版 1-9）。

紫竹梅花或吊竹梅花：用镊子取紫竹梅花或吊竹梅花，剥去花瓣，小心夹取雄蕊花丝基部的表皮毛，放在干净的载玻片上，滴加蒸馏水，盖上载玻片，即可观察细胞质的运动，注意与黑藻叶片中的细胞质运动方式比较，观察其有何不同。

## 【思考题】

1. 什么是细胞周期？核中 DNA 含量在不同时期是怎样变化的？

2. 比较有丝分裂与减数分裂的异同点？

3. 用压片法制作根尖有丝分裂玻片标本时，应注意哪些问题，即哪些关键的实验步骤与观察效果密切相关？片中分裂相的多少是否与取材时间有关，为什么？

4. 植物细胞中的细胞质环流的意义是什么，该运动与哪些内外因素有关？试设计一个小实验来证明你的观点。

实验 3

# 植物组织

植物个体发育中，细胞的分化即在形态、结构、物质组成和生理功能等方面产生差异，形成不同类型的特化细胞，导致各种组织的形成，如分生组织、薄壁组织、输导组织、机械组织、保护组织和分泌组织。从植物进化结果来看，高级植物类群的组织类型多，结构复杂，而低级植物类群的组织类型相对较少，且结构简单。

## 【实验目的与要求】

（1）了解植物细胞分化的过程。

（2）掌握植物体中各种组织的细胞组成、形态结构特征、分布及其功能。掌握复合组织——维管束的结构和主要类型。学习组织离析法。

## 【实验材料与用品】

（1）新鲜材料：二月蓝 *Orychophragmus violaceus*（L.）O. E. Schulz、玉簪 *Hosta plantaginea*（Lam.）Aschers.、小麦 *Triticum aestivum* L.、毛白杨 *Populus tomentosa* Carr.、胡颓子 *Elaeagnus pungens* Thunb. 等植物的新鲜叶片；芹菜 *Apium graveolens* L. var. *dulce* DC. 叶柄；新鲜桑树 *Morus alba* L. 皮；梨 *Pyrus bretschneideri* Rehd. 果肉。

（2）离析材料：毛白杨、喜树 *Camptotheca acuminata* Decne、葡萄 *Vitis vinifera* L. 及油松 *Pinus tabulaeformis* Carr. 枝条。

（3）永久制片：向日葵 *Helianthus annuus* L.、南瓜 *Cucurbita moschata* Duch. ex Poir. 椴树 *Tilia mandshurica* Rupr. et Maxim. 茎；蓖麻 *Ricinus communis* L. 种子胚乳；柑橘 *Citrus reticulata* Blanco 果皮分泌组织；油松幼茎树脂道。

（4）实验用具：显微镜、载玻片、盖玻片、滴瓶、纱布、小镊子、双面刀片、培养皿、吸水纸。

（5）试剂：10%铬酸和10%硝酸混合离析液，0.001%钌红。

## 【实验内容与方法】

## 1　保护组织

### 1.1　初生保护组织

观察叶的表皮及气孔器：观察双子叶植物二月蓝叶片气孔结构（图3-1）。再撕取双子叶植物毛白杨叶的下表皮，以清水装片后置于显微镜下观察。在表皮细胞之间，星散分布着许多纺锤形小孔，小孔是由两个半月形的保卫细胞包围形成的，这就是气孔。保卫细胞内含有叶绿体，细胞壁在对着气孔的一侧加厚，注意保卫细胞结构特点与气孔开闭的关系及其表皮和气孔在植物生活中的作用（图3-2）。

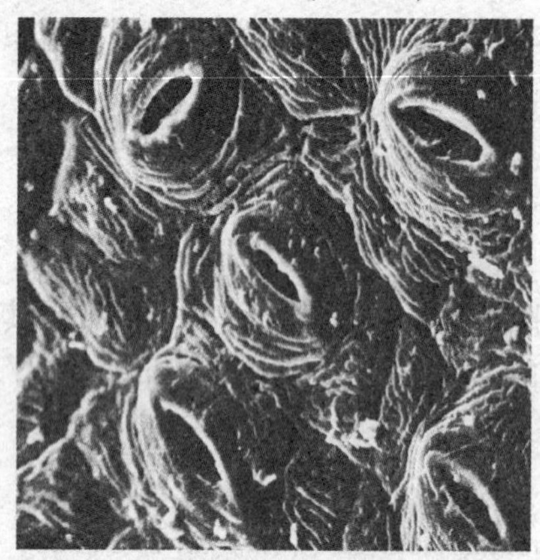

图3-1　双子叶植物二月蓝叶片气孔

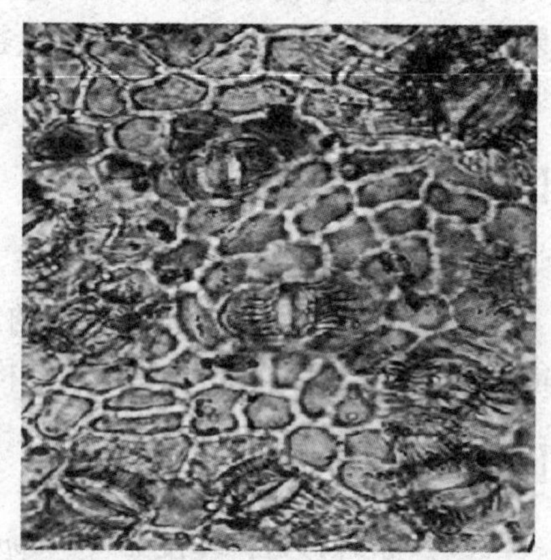

图3-2　毛白杨叶片下表皮气孔

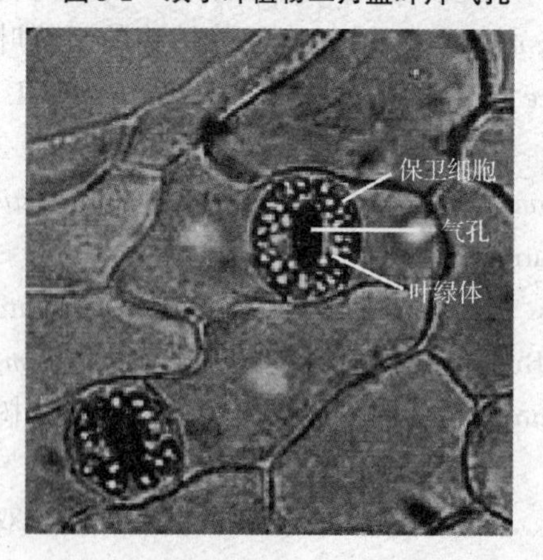


图3-3　玉簪叶片下表皮肾形保卫细胞气孔

撕取小麦叶片下表皮，以清水装片后置于显微镜下观察哑铃形保卫细胞和其副卫细胞形态结构特征。（图3-3）再撕取单子叶植物玉簪叶片的下表皮，以清水装片后置于显微镜下观察。玉簪叶的表皮细胞的细胞壁光滑，表皮细胞中有时可看到细胞核，但不含叶绿体。气孔是由两个半月形（肾形）的保卫细胞包围形成的，不同于小麦的哑铃形保卫细胞。保卫细胞内含有叶绿体，细胞壁在对着气孔的一侧加厚。通常各有一个副卫细胞将保卫细胞外缘围住。

### 1.2 次生保护组织

周皮和皮孔：多年生椴树茎横切制片在显微镜下观察，沿茎周有数层扁平的死细胞（无核）为木栓层，细胞壁因栓化而呈深褐色。在木栓层以内紧接有1～2层小而扁平、细胞质浓、有时可看到细胞核的生活细胞，即木栓形成层。木栓形成层是一种次生分生组织，在木栓形成层以内紧接的数层薄壁细胞，细胞较木栓形成层细胞大（如果用新鲜材料制片，还可看到细胞中含有叶绿体），这部分细胞称为栓内层。木栓层、木栓形成层和栓内层三者合称为周皮。移动切片观察，在木栓层上有一些向外开张的裂口，即为皮孔。皮孔内形成许多补充细胞（图3-4）。

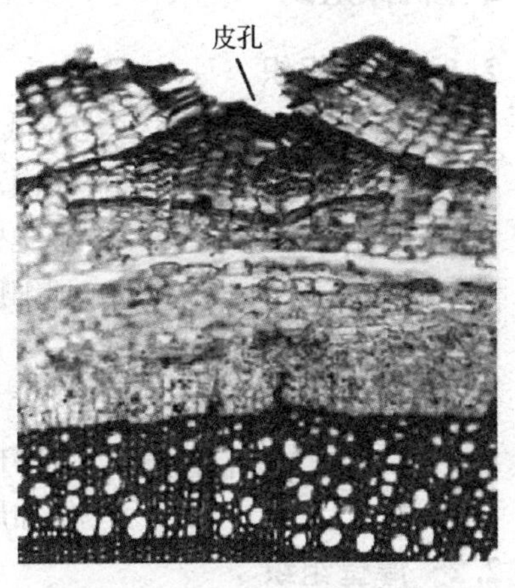


图3-4 椴树枝条上的皮孔

### 1.3 基本组织（又称薄壁组织）

观察向日葵茎，可见在茎的最中心部分都是由一些圆形、椭圆形或多边形的细胞组成，这些细胞较大，细胞壁薄，这些细胞称为薄壁组织或基本组织（图3-5）。基本组织随其功能不同又可分为贮藏组织和同化组织。具贮藏作用的叫贮藏组织，如蓖麻胚乳中的细胞就是贮藏组织，贮藏许多糊粉粒（图3-6）；细胞内含叶绿体而具同化作用的叫同化组织。

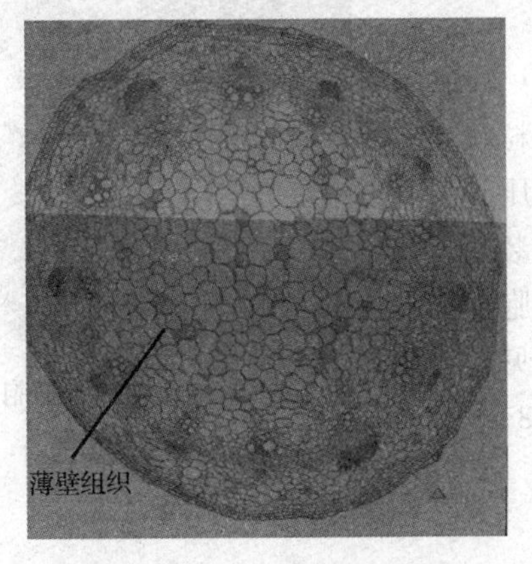


图3-5 向日葵茎的薄壁组织

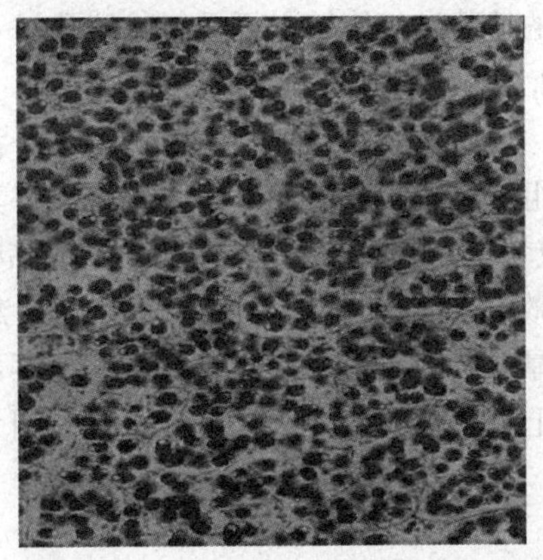

图3-6 蓖麻胚乳中的贮藏组织

## 2 机械组织

### 2.1 厚角组织

取向日葵茎横切片，先在低倍镜下观察，找到棱角处，再换高倍镜由外而内观察，在皮层中有几层染成绿色的细胞，其细胞壁在角隅处加厚，是生活细胞，有时还可看到细胞内的叶绿体，为厚角组织（图3-7）。

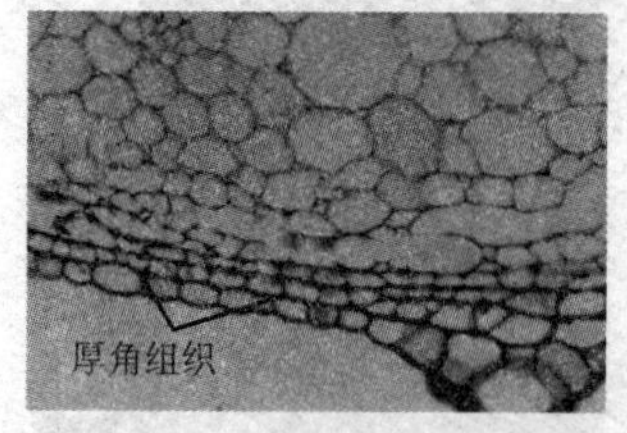


图3-7 向日葵茎的厚角组织

芹菜叶柄厚角组织：用双面刀片徒手横向切取芹菜叶柄薄片，置于载玻片上，滴两滴0.001%钌红，盖上盖玻片观察近表皮细胞角隅处加厚状况。

### 2.2 厚壁组织

#### 2.2.1 纤 维

在毛白杨等植物茎的离析材料中，可以找到一些细胞直径小、细胞两端尖锐的细长如粗针状细丝，就是木纤维细胞，细胞壁加厚，细胞腔很小、因此纤维又可叫做厚壁细胞，是一种起支持作用的机械组织。

桑树树皮中的韧皮纤维：取桑树枝条，剥皮取内面白色的细丝，选一小段最细的丝作临时装片，在低倍镜下观察，可见许多两端尖的长丝，这就是韧皮纤维，选定一根，移动载片，从一端开始观察其长度，再用高倍镜观察，其细胞壁强烈增厚，细胞腔只剩下一窄的缝隙，细胞壁上可见斜的纹孔。

#### 2.2.2 石细胞

梨果肉中的石细胞：用镊子挑一沙粒状梨果肉组织块置于载玻片上，并用镊子将其压碎散开（或切取一极薄的小片），加水制成临时装片，在显微镜下观察，许多呈矩形的细胞，细胞壁强烈增厚，细胞腔很小，在高倍镜下观察可见到细胞壁上有分枝纹孔，这就是石细胞（图3-8）。

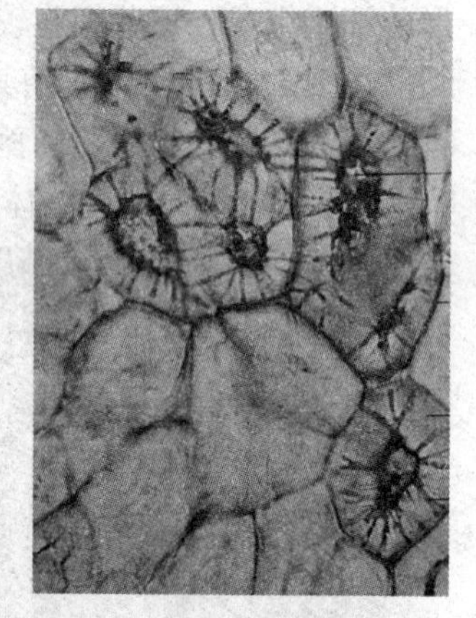

图3-8 梨果肉中的石细胞

## 3 输导组织

### 3.1 木质部中的输导组织

取用离析方法制备的毛白杨、葡萄、喜树、油松等树木枝条的离析材料少许，置于载玻片的水滴中，用镊子轻轻搅碎，盖上盖玻片后观察。离析法制备的材料，细胞壁的中层溶解，细胞彼此分离，故可观察到单个完整的细胞。在显微镜下可以找到下列各种组织的细胞。注意每种细胞的形状、大小、结构和功能特点。

### 3.1.1 导 管

观察毛白杨、葡萄、喜树等的离析材料中，呈圆柱形的细胞就是导管，根据细胞壁上加厚形成不同的花纹（环纹、螺纹、梯纹、网纹、纹孔）而区别为不同类型的导管，注意导管两端的穿孔（图3-9）。

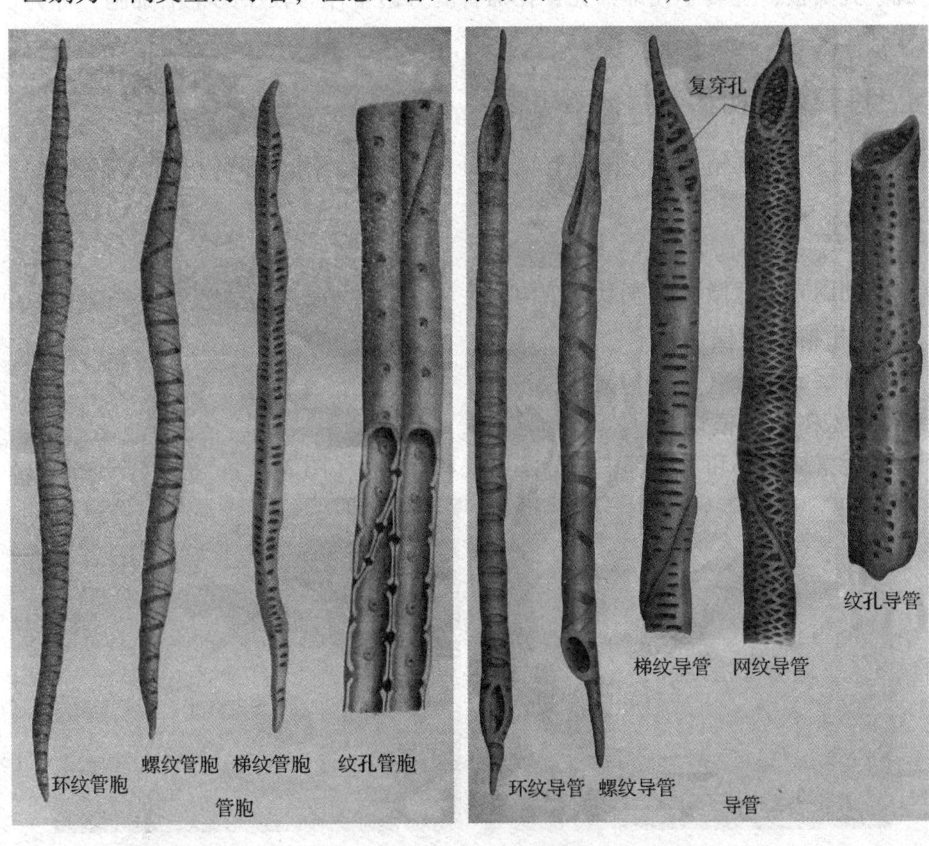


图3-9 输导组织和机械组织

### 3.1.2 管 胞

观察油松茎的离析材料，其中有大量两端尖的长形细胞，细胞壁上有具缘纹孔，由于和管胞邻接的细胞类型不同，因此，管胞壁上呈现的纹孔图像也不同。油松离析材料中，除管胞外，可以观察到方形或长方形的薄壁细胞。

薄壁细胞：在毛白杨等茎的离析材料中还可观察到一些方形、圆形或近于等直径形状的薄壁细胞，均属基本组织的细胞，细胞内有细胞质和许多内含物，如经染色还可看到细胞核，是一些生活的细胞。

**3.2 韧皮部中的输导组织**

南瓜茎中的筛管：观察南瓜茎纵、横切永久制片，在低倍镜下找到韧皮部所在位置，然后在韧皮部中寻找筛管。纵切面上筛管呈长圆筒形，横壁上有筛孔，并有细胞质穿过筛孔形成“莲蓬头”状的细胞质流。横切面上可观察到筛板，上具小孔即筛孔，在筛管的旁边常伴有较小的生活细胞，称为伴胞。

## 4 维管束结构和类型

观察双子叶植物的无限维管束（开放维管束）和单子叶植物的维管束。

## 5 分泌组织

利用光学显微镜观察以下结构：

**5.1 柑橘果皮横切片**

观察分泌腔（图 3-10）。

**5.2 松树幼茎横切片**

观察韧皮部和木质部中的分泌道（树脂道）（图 3-11）。

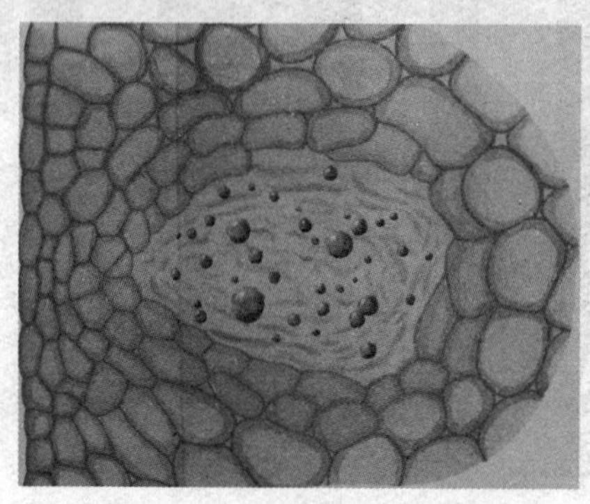

图 3-10 柑橘果皮中的分泌组织

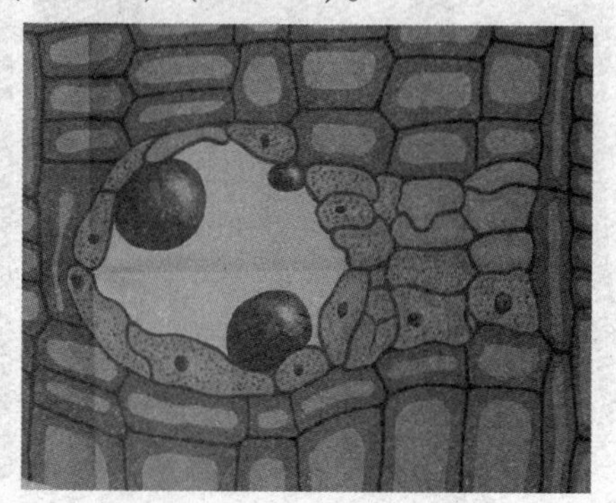

图 3-11 松树幼茎中的树脂道

**5.3 蒲公英根横切片**

观察乳汁管。

**【思考题】**

1. 比较玉簪或二月蓝叶下表皮细胞与气孔保卫细胞在结构上有何不同？并注明各部分。

2. 植物在哪些部位产生周皮和皮孔？是如何形成的？有何功能？

3. 各种类型的导管细胞，哪些类型较长？哪些类型较短粗？导管的主要功能是什么？是生活细胞还是死细胞？

4. 植物维管束包括哪些部分？每部分又包括哪些组织和细胞？它们的主要功能是什么？

# 实验 4 种子的形态结构和幼苗类型

## 【实验目的与要求】

(1) 通过不同类型植物的种子解剖观察，了解种子的基本形态和结构。

(2) 了解种子的萌发过程及休眠特征。

(3) 认识幼苗上、下胚轴的伸长特点与其出土类型的关系。

## 【实验材料与用品】

(1) 材料：蚕豆 *Vicia faba* L.、花生 *Aracgis hypogaea* L.、蓖麻 *Ricinus communis* L.、红松 *Pinus koraiensis* Sieb. et Zucc.、银杏 *Ginkgo biloba* L.、玉米 *Zea mays* L.、杏 *Prunus armeniaca* L. 的浸泡果实或种子；新鲜的豌豆 *Pisum sativum* L.、菜豆 *Phaseolus vulgaris* L. 及小油菜 *Brassica chinensis* L. 的幼苗；豌豆、油茶 *Camellia oleifera* Abel. 的幼苗液浸标本。

(2) 用具：放大镜、镊子、解剖针、刀片。

## 【实验内容与方法】

## 1 种子的形态结构

### 1.1 蚕豆种子形态观察

取蚕豆种子用放大镜仔细观察其外形，区别种皮上的种脐（珠柄脱落留下的疤痕）和种脊。剥去种皮取出其中的胚，胚具胚根、胚芽、胚轴和二枚子叶。种子萌发时胚根由珠孔处伸出，蚕豆的种子为双子叶无胚乳的种子（图 4-1）。

### 1.2 蓖麻种子形态观察

用同样方法解剖观察蓖麻种子，种皮上除具不明显的种脐和种脊以外，还有一白色的突起，叫做种阜。种皮内包含胚和胚乳。蓖麻种子为有胚乳种子（图 4-2）。

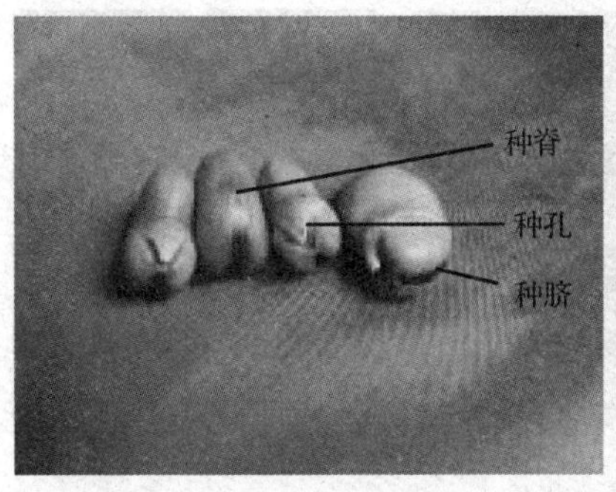


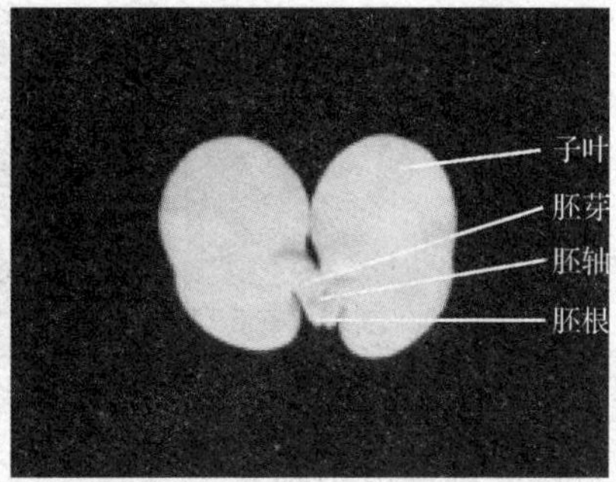


图 4-1　蚕豆种子

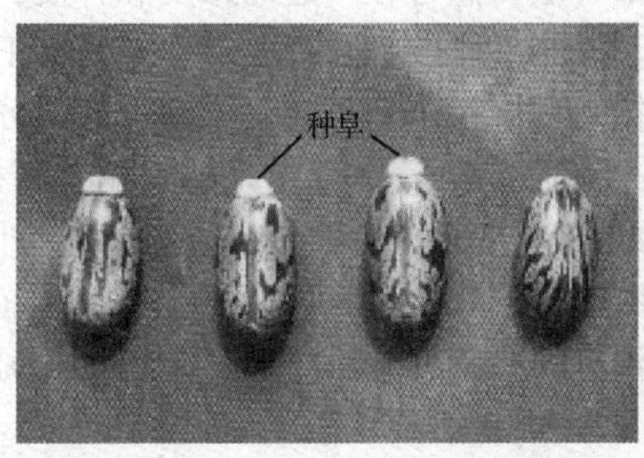


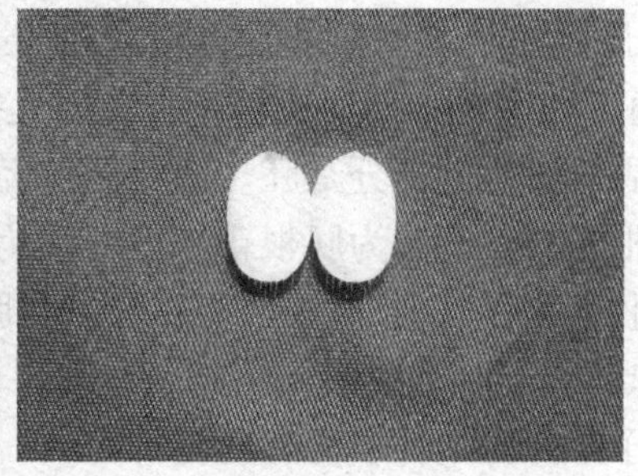

图 4-2　蓖麻种子

## 1.3　红松和银杏的种子形态观察

解剖观察红松和银杏的种子，剥开种皮，里面肉质部分是胚乳，用刀片将胚乳纵向切开，里面包有一白色棒状物就是胚。胚分胚根、胚轴、子叶（红松子叶 7～11 枚；银杏子叶 2 枚）、胚芽几部分。红松的种子和银杏的种子为有胚乳种子（图 4-3、图 4-4）。

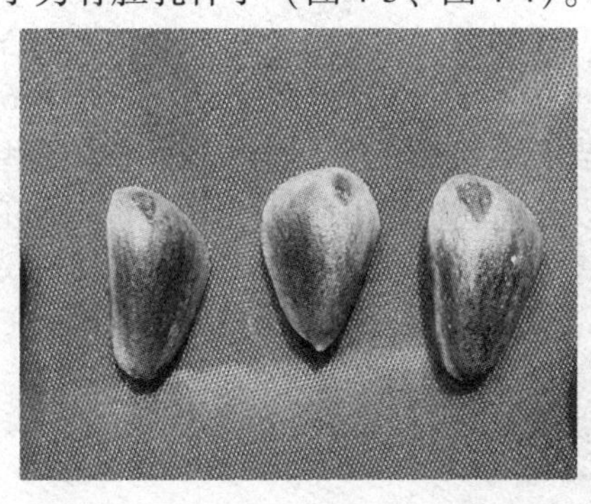

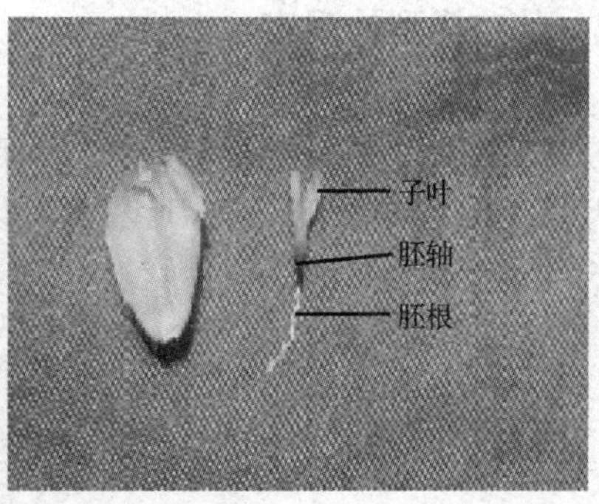


图 4-3　红松种子

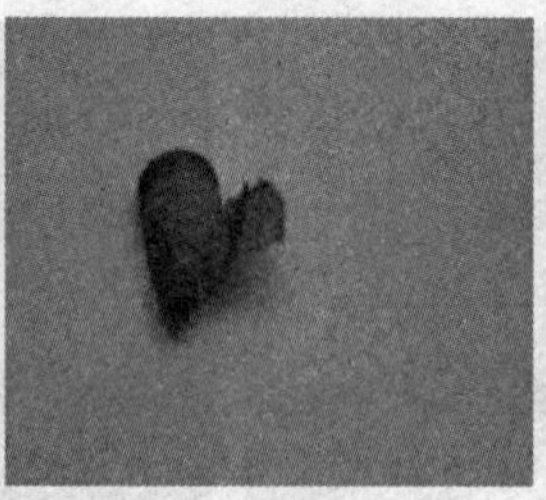
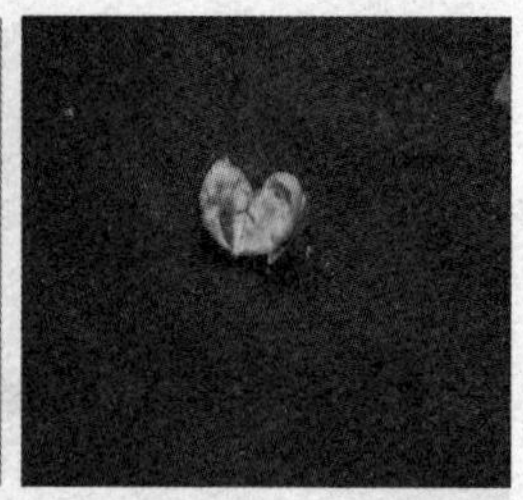

图4-4 银杏种子

### 1.4 玉米种子形态观察

解剖观察玉米的种子（颖果），最外层为愈合在一起的果皮和种皮，在种子平宽的一面可以看出黄色的胚乳和中央呈白色的胚。将种子从正中（通过胚）纵切面切成两半，在放大镜下观察一个切面，其中黄色的部分是胚乳，白色的部分是胚。用解剖针轻轻将胚剖开，在朝向果柄一端有胚根，胚根外有一套层为胚根鞘。另一端为胚芽，胚芽外常有1~3套层，最外层为胚芽鞘，其他1~2层为真叶。在胚芽和胚根之间的胚轴处着生盾片（内子叶），与胚乳紧贴在一起。与盾片相对的一侧有一小突起，是退化的另一个子叶。玉米种子为有胚乳种子。

## 2 幼苗的类型

### 2.1 种子萌发过程

观察玉米、豌豆和菜豆种子萌发过程，可以看到种子先吸水膨胀，胚根突破种皮，接着胚芽因胚轴生长而外伸，直到长出具有幼根、幼茎和幼叶的幼苗。

### 2.2 幼苗类型的观察

常见的幼苗类型有子叶出土幼苗（图4-5）和子叶留土幼苗（图4-6）。观察比较玉米、豌豆和菜豆等植物幼苗，说明哪些是子叶出土幼苗？哪些是子叶留土幼苗？仔细区分子叶、真叶以及上胚轴和下胚轴，了解上、下胚轴伸长与幼苗出土的关系。

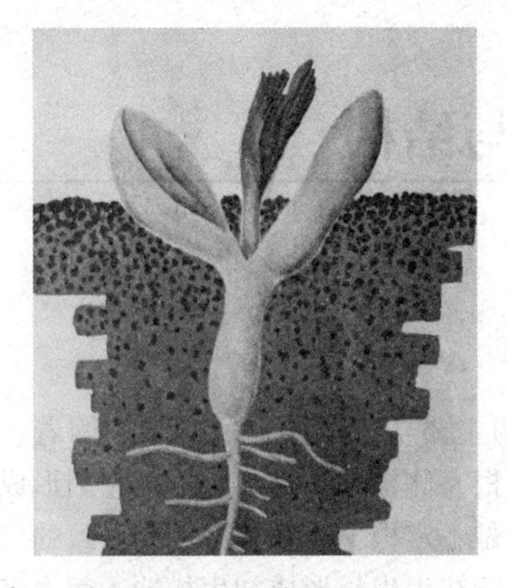

图 4-5　白菜子叶出土幼苗

图 4-6　豌豆子叶留土幼苗

## 【思考题】

1. 什么是种子？种子的基本结构由哪几部分组成的？各有何功能？

2. 以胚乳有无来分，种子有哪些类型？它们在结构上有何不同？各举出 2～3 种代表性植物。

3. 以蚕豆种子和玉米籽粒为例，比较双子叶植物和单子叶禾本科植物"种子"结构上有哪些异同？

4. 引起种子休眠的原因有哪些？请设计一种方法分别证明之。如何打破种子休眠？

5. 子叶出土幼苗和子叶留土幼苗各是怎样形成的？

# 实验 5 根的发育与结构

根是植物体的地下营养器官，它的主要功能是吸收、合成、固着、支持、储藏等。根据它的来源，可分为主根、侧根和不定根，再由它们形成不同类型的根系，但无论是主根、侧根还是不定根，其基本结构是一致的。大多数单子叶植物的根不具形成层，只进行初生生长形成初生构造，而大多数双子叶植物和裸子植物的根具有形成层，可进一步进行次生生长形成次生构造。有些植物的根还能与土壤微生物形成根瘤和菌根的共生关系，对农林生产实践具有重要意义。

## 【实验目的与要求】

（1）了解根的种类及不同类型的根系。

（2）掌握根尖的外形、分区及内部细胞结构特点。

（3）掌握单、双子叶植物根的初生构造及其异同点。

（4）掌握双子叶植物根中形成层的发生部位、活动特点及其所形成的次生构造。

（5）了解侧根发生的部位及形成过程。

（6）了解根瘤和菌根的形态与结构及其在农林生产实践中的作用。

（7）了解根的变态。

## 【实验材料与用品】

（1）新鲜材料：刺槐 *Robinia pseudoacacia* L.、大豆 *Glycine max*（L.）Merr. 等双子叶植物幼苗；油松 *Pinus tabulaeformis* Carr. 等裸子植物幼苗；大葱 *Allium fistulosum* L.、车前 *Plantago asiatica* L. 等单子叶植物幼苗；玉米 *Zea mays* L.、小麦 *Triticum aestivum* L.、菘蓝 *Isatis tinctoria* L. 等刚萌发的幼根；萝卜 *Raphanus sativus* L.、胡萝卜 *Daucus carota* L. var. *sativa* DC.、甘薯 *Ipomoea batatas*（L.）Lam. 等的变态根。

（2）液浸材料：FAA 固定的刺槐、无患子 *Sapindus mukorossi* Gaertn. 的

老根等。

（3）永久制片：洋葱 *Allium cepa* L. 根尖制片；蚕豆 *Vicia faba* L.、毛茛 *Ranunculus japonicus* Thunb.、鸢尾 *Iris tectorum* Maxim.、水稻 *Oryza sativa* L.、小麦等幼根横切制片；花生 *Arachis hypogaea* L.、向日葵 *Helianthus annuus* L. 等老根横切制片；向日葵等侧根发生制片。

（4）液浸标本：豆科植物的根瘤及松树菌根等。

（5）实验用品：滑走切片机、显微镜、放大镜、镊子、解剖针、刀片、培养皿、烧杯、滴瓶、载玻片、盖玻片、擦镜纸、吸水纸、纱布等。

（6）试剂：1% 番红染液。

## 【实验内容与方法】

## 1　根系的类型

观察刺槐等双子叶植物幼苗的根系，油松等裸子植物幼苗的根系以及葱等单子叶植物幼苗的根系，区别直根系（图5-1）和须根系（图5-2），辨认主根、侧根及不定根。

图5-1　直根系

图5-2　须根系

## 2　根的外形、分区及内部细胞结构特点

### 2.1　根尖的外部形态

根尖是指从根最顶端到根毛区的部分。取玉米、菘蓝等刚萌发的幼根，置于洁净的载玻片上，用放大镜观察根尖外形（图5-3）。

根冠：位于幼根最先端，呈半透明的帽状结构。

分生区：位于根冠上方的浅黄色或深黄色部分，体积很小。

伸长区：位于分生区之后的一段光滑略透明区域。

根毛区：伸长区之后密生白色根毛的部分。

### 2.2 根尖的内部结构

取洋葱根尖纵切片，置于低倍镜下观察，区分根冠、分生区、伸长区和根毛区四个区域，然后转换至高倍镜下观察各区域的细胞结构特点（图5-4）。

根冠：位于根尖最顶端，由着

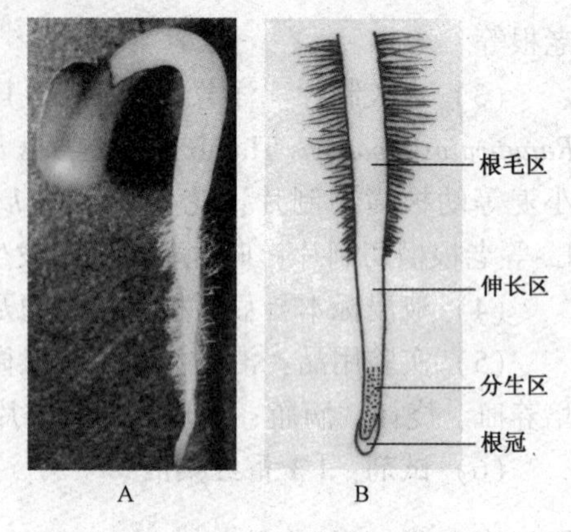


**图5-3 菘蓝根尖**

A. 外形 B. 外形简图

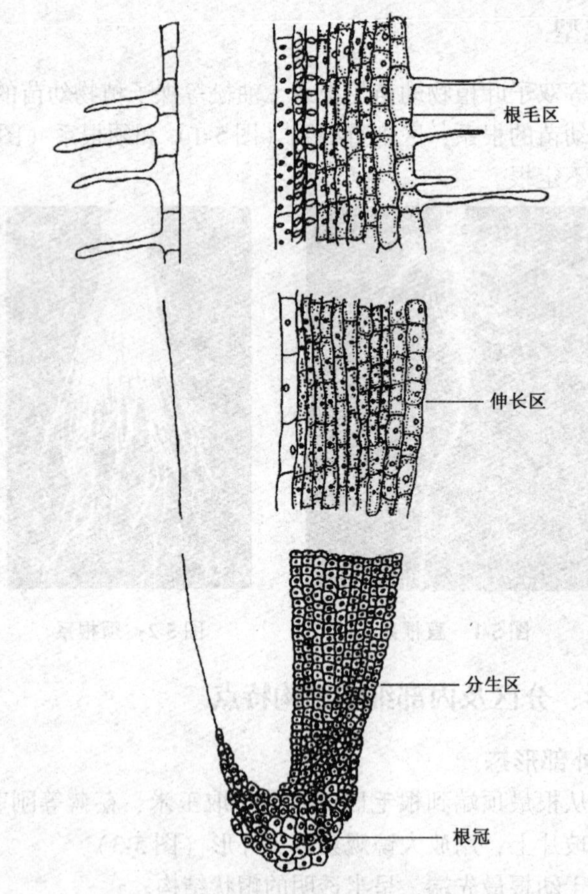


**图5-4 根尖纵切细胞图解**

色较淡的薄壁细胞组成，排列不整齐。根冠外层细胞排列疏松，可见有些细胞已从根冠表层脱落。而根冠内部靠近分生区的细胞形小质浓，是分生组织细胞衍生的新细胞，用于补充外方受损的根冠细胞。

分生区：位于根冠上方，长约1～2mm，由排列紧密，无胞间隙的分生组织细胞构成。细胞小，近方形，细胞壁薄，细胞核大，细胞质浓，细胞着色较深。在此区可观察到细胞分裂时期的各种分裂相。

伸长区：位于分生区上方，长约几毫米，是根伸长生长的主要部位，由分生区分裂产生的细胞经伸长生长和初步分化而来。细胞沿纵轴方向显著伸长，液泡明显。

根毛区：位于伸长区上方，表面密生根毛，是根吸收水分的主要部位。它由伸长区的细胞分化而来，内部各种组织细胞已分化成熟，故又称成熟区。

## 3 根的初生构造

### 3.1 双子叶植物根的初生构造

取洗净的刺槐幼根，按徒手切片法将根毛区横切成透明的薄片，放在培养皿的水中，挑取薄而平整的切片以清水装片。

首先在低倍镜下由外向内区分出表皮、皮层和维管柱（中柱）三部分，然后转换至高倍镜仔细观察各部分的细胞结构特点（图5-5）。

表皮：根最外一层细胞，细胞排列整齐紧密，壁薄，不具角质层和气孔。在有的切片上可观察到表皮细胞外壁上的根毛或根毛残体。

皮层：紧接表皮，由多层薄壁细胞组成，占据幼根大部分面积。细胞排列疏松，有明显的胞间隙。皮层的最内一层细胞排列紧密，细胞形态较皮层其他薄壁细胞小，称内皮层。内皮层细胞的横向壁和径向壁常木栓化加厚形成凯氏点或凯氏带。

维管柱：内皮层以内的部分，由中柱鞘、初生木质部、初生韧皮部、结合组织、髓（有或无）等组成。

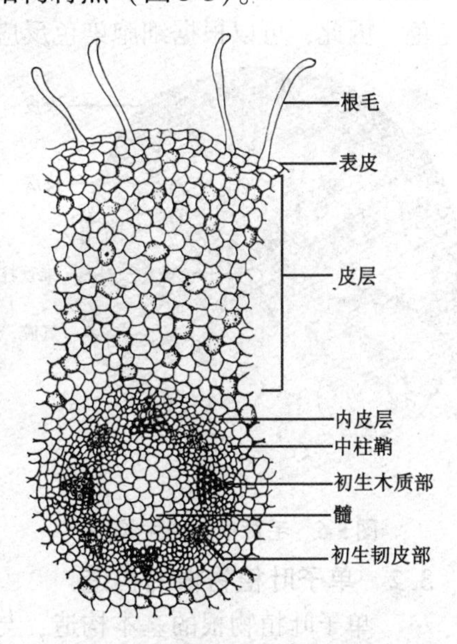

图5-5 刺槐根的初生构造

中柱鞘 位于维管柱的最外方，紧接

内皮层，由1~2层薄壁细胞组成。它具备分生组织的特点和功能，是侧根、部分维管形成层及最初产生的木栓形成层的发生部位。

初生木质部　位于幼根横切面的中部，排列成四束呈辐射状（四原型根）。根据各种植物初生木质部束的数目，常将根分为不同原型的根。初生木质部主要成分是导管。在辐射角的先端是最早发育的口径较小的环纹或螺纹导管，称原生木质部；在辐射角的底部是后发育的口径较大的导管，称后生木质部。导管这种从外向内分化成熟方式称外始式，是根提高输导效率的一种适应特性，因最初形成的导管出现在初生木质部外方，接近中柱鞘和内皮层，而缩短了水分输导的距离。

初生韧皮部　位于初生木质部束的辐射角之间，与初生木质部相间排列，主要由筛管、伴胞和薄壁细胞组成。初生韧皮部的发育方式也是从外向内分化成熟，亦为外始式。

结合组织　位于初生木质部和初生韧皮部之间，由几层薄壁细胞组成。当根开始进行次生生长时，它可恢复分生能力形成维管形成层的一部分。

髓　位于维管柱的最中心，由薄壁细胞组成（有些植物为厚壁细胞）。但大多数双子叶植物根没有髓，如蚕豆、毛茛、向日葵等。

再取毛茛（或蚕豆）幼根的永久制片，对照上述各部分，仔细观察每一部分的细胞特征（图5-6，图5-7）。永久制片经过番红固绿染色，木化和栓化的细胞被染成红色，如导管和内皮层；未木化的薄壁细胞则被染成绿色。因此，可以根据细胞染色反应的不同帮助区别每个部分的细胞特点。

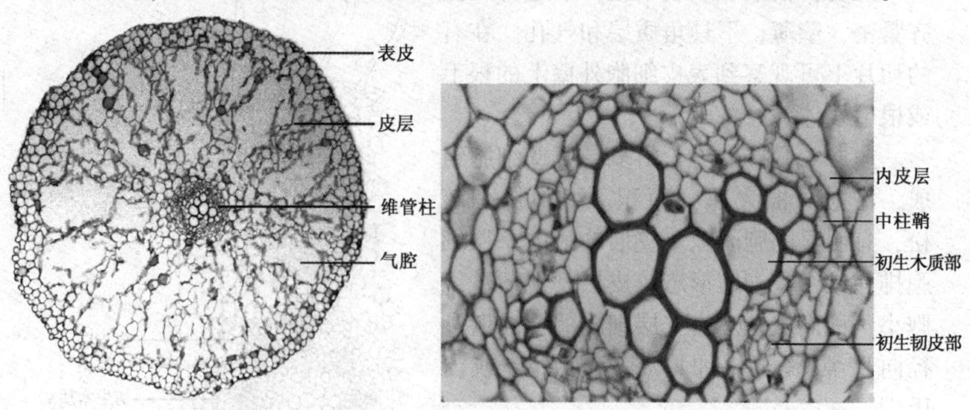


图5-6　毛茛根的初生构造　　图5-7　毛茛根的维管柱部分

## 3.2　单子叶植物根的构造

单子叶植物根的基本构造，与双子叶植物一样，由表皮、皮层和维管柱（中柱）三部分组成。但两者在结构上仍存在一些差异，最显著的区别是单子叶植物根一般没有形成层的产生，不能进行次生生长，所以仅有初生构造。此外，单子叶植物根中维管束为多元型，而双子叶植物根中维管束一般为2～4元型。

取鸢尾（或小麦、水稻等）根的横切制片，观察单子叶植物根各组成部分的细胞结构特点（图5-8，图5-9）。

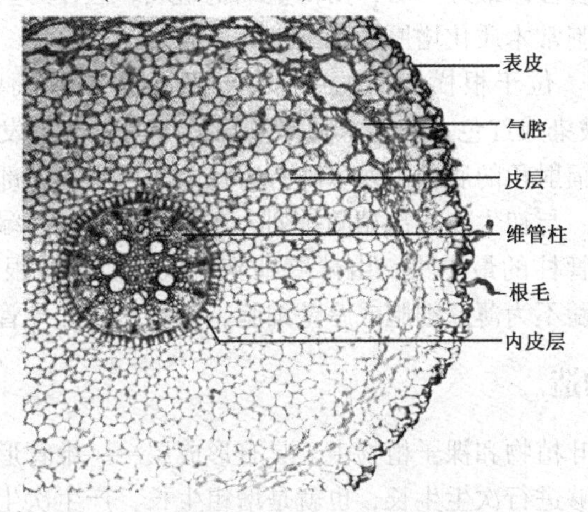


图5-8　鸢尾根的构造

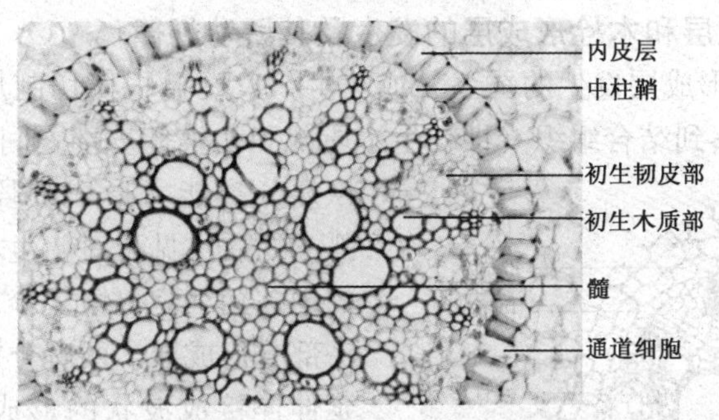


图5-9　鸢尾根的维管柱部分

表皮：位于根的最外层，由一层排列整齐紧密的薄壁细胞组成。可观察到表皮细胞外壁上的根毛或根毛残体。

皮层：紧接表皮，主要由薄壁细胞组成，占据根大部分面积。但在一些湿生植物（如鸢尾）或水生植物（如水稻）的根中，皮层具有明显的气腔。靠近表皮的1～2层细胞较小，排列紧密，为外皮层。皮层的最内一层细胞，为内皮层，其绝大多数细胞除外切向壁为薄壁以外，其他各面（两横向壁，两径向壁，内切向壁）均栓质增厚，在横切面上观察呈“马蹄形”，在切片上被染成红色，物质很难通过这类细胞。但在一些正对初生木质部辐射角的部位（或该部位左右），有 1 ~ 2 个细胞的细胞壁不加厚，仍然保留薄壁，称通道细胞，是内外物质传递的通道。

维管柱：由中柱鞘、初生木质部、初生韧皮部、初生木质部和初生韧皮部之间的薄壁细胞及髓等组成。

中柱鞘　维管柱的最外一层，由薄壁细胞组成。但在一些单子叶植物老根中，中柱鞘细胞常木质化增厚，如玉米等。

初生木质部　位于根横切面的中部，排列成多束呈辐射状（多原型根），在切片上被染成红色。初生木质部束辐射角的先端为发生早、口径小的原生木质部，辐射角的底部为发生晚、口径大的后生木质部。

初生韧皮部　与初生木质部相间排列，在切片上着色为绿色。

髓　位于维管柱的最中央，由薄壁细胞组成。但有些根的髓为厚壁细胞，还有些根的髓不为薄壁细胞或厚壁细胞，而被木质部导管所占据。

## 4　根的次生构造

大多数双子叶植物和裸子植物由于具有形成层——维管形成层和木栓形成层的活动，能够进行次生生长，也就是增粗生长，产生次生构造，使根不断加粗。

### 4.1　维管形成层和木栓形成层的发生及其活动规律

取示维管形成层发生的蚕豆（或花生、大豆）根横切制片进行连续观察。首先可观察到结合组织（即初生木质部和初生韧皮部之间的薄壁组织）恢复分裂能力形成片段状的形成层弧，之后可见正对初生木质部辐射角的中柱鞘细胞也恢复分裂能力成为另一部分形成层，两者分别向两侧扩展延伸连接成波状的形成层环（图 5-10），在横切面上观察形成层细胞呈扁平状。形成层向内产生次生木质部，向外产生次生韧皮部。由于波状形成层环的凹陷处形成早，分裂也较快，向内产生的次生木质部多，随着次生组织的不断产生，形成层逐渐变成圆环状。

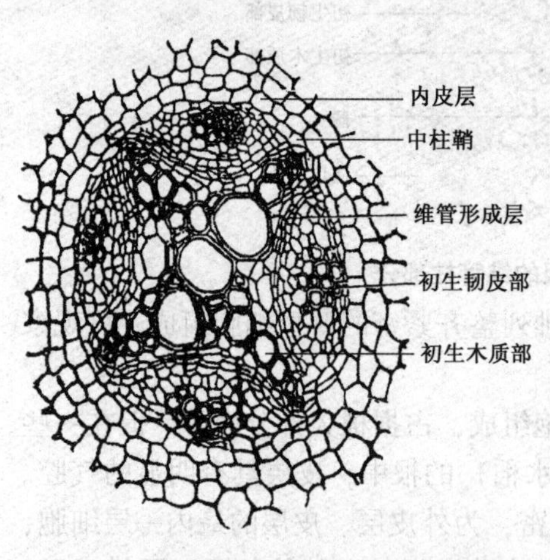


**图 5-10　蚕豆根中柱横切面，示维管形成层的发生**

（引自贺学礼《植物学实验实习指导》）

随着维管形成层的活动，维管柱以外的成熟组织，如皮层和表皮等，由于内部次生组织的增加被破坏。这时，一些中柱鞘细胞（形成维管形成层的除外）恢复分裂能力产生木栓形成层，由它向外分裂产生木栓层，向内分裂产生栓内层，共同成为周皮，代替表皮起保护作用。木栓形成层的分裂能力是有限的，当它失去分裂能力以后，再从中柱鞘或韧皮部产生新的木栓形成层，形成新的周皮代替外面死亡脱落的部分。

### 4.2　双子叶植物根的次生构造

取花生（或向日葵）等老根横切制片进行观察（图5-11）。首先在低倍镜下从外向内区分周皮、次生韧皮部、形成层（维管形成层）、次生木质部、初生木质部等，然后转换至高倍镜仔细观察各部分的细胞结构特点。

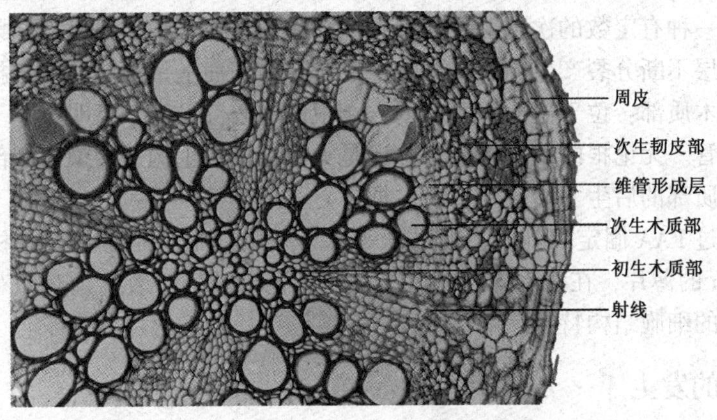


**图5-11　花生老根的次生构造**

周皮：位于老根横切面的最外部，从外至内由木栓层、木栓形成层、栓内层构成。在显微镜下可明显观察到位于最外方的几层排列紧密的长方形细胞，由于其细胞壁栓质化常被番红染成深红色或红褐色，为木栓层。紧接木栓层是一层排列整齐的扁平的长方形细胞，但由于其是生活的薄壁细胞，被固绿染成绿色，为木栓形成层。在有的切片上可观察到失去分裂能力的木栓形成层亦被染成红色。木栓形成层以内是被染成绿色的2～3层较大的薄壁细胞，为栓内层。

次生韧皮部：是位于周皮之内，维管形成层之外，与次生木质部相对排列的部分，由被染成绿色的筛管、伴胞、韧皮薄壁细胞及染成红色的韧皮纤维组成。韧皮纤维成束或星散夹杂在次生韧皮部中，以外部居多。有一些韧皮薄壁细胞呈较整齐的径向排列，称韧皮射线。位于次生韧皮部外方的初生韧皮部已被挤毁，不易分辨，有时可见挤毁的残迹。

维管形成层：是位于次生韧皮部和次生木质部之间的一层扁平的长方形细胞。但由于它向内向外分裂的速度非常快，新分裂出来的细胞分化浅，在形态上与形成层细胞非常相似，因此，在横切面上观察到的是几层被染成绿色的扁平的长方形细胞组成的“形成层环带”。

次生木质部：是位于维管形成层内侧的红色细胞区域（除最内侧少数红色细胞外），占据根的大部分面积，由导管、管胞、木纤维及木薄壁细胞组成。导管口径大或较大，比较容易区分。管胞口径较小，木纤维口径更小，但两者在横切面上不易区分。木薄壁细胞夹杂在它们之间，被染成绿色，部分呈较整齐的径向排列，称木射线。

射线：次生木质部中的木射线和次生韧皮部中的韧皮射线统称为维管射线，它们是随着根的次生构造产生的，又称次生射线。注意在根的次生构造中，还有一种有定数的次生射线的存在。它是由正对着初生木质部辐射角的维管形成层不断分裂产生的薄壁细胞组成，在横切面上呈径向放射状排列。

初生木质部：位于次生木质部内方，根的中心，导管口径明显小于次生木质部导管。无论根的初生构造有髓还是无髓，根次生构造的最中心部位均为初生木质部的后生木质部导管所占据。

取经过 FAA 固定的刺槐、无患子等木本植物老根，用滑走切片机切成 15～20μm 的薄片，在清水中展平后，番红染色制成临时装片，对照观察上述各部分的细胞结构特点。

## 5 侧根的发生

侧根的发生起源于中柱鞘细胞，是中柱鞘细胞恢复分裂能力产生的，为内起源。

取示侧根发生的向日葵（或蚕豆）根横切制片置显微镜下观察，可见侧根发生于正对初生木质部辐射角的中柱鞘部位，细胞已进一步分裂、生长和分化，木质部的导管清晰可见。侧根已突破皮层，到达表皮，即将伸出根外（图 5-12）。

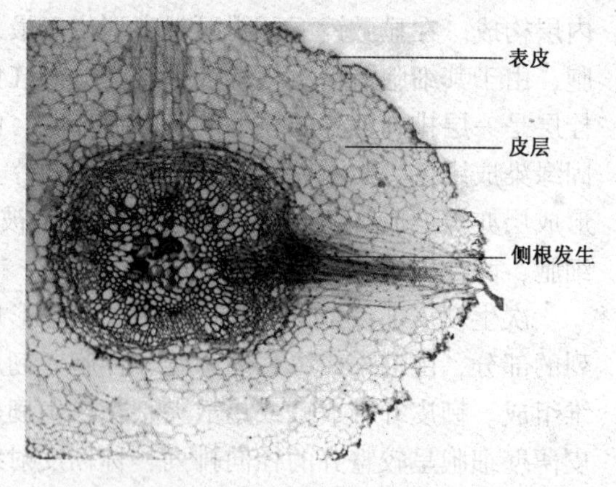

图 5-12 向日葵根横切示侧根发生

侧根发生有一定的规律。在二原型的根中，侧根起源于位于初生木质部和初生韧皮部之间的中柱鞘细胞；在三原型及四原型的根中，侧根起源于正对初生木质部辐射角的中柱鞘细胞；而在多原型的根中，侧根起源于正对初生韧皮部辐射角的中柱鞘细胞。

## 6　根瘤和菌根

根瘤和菌根是高等植物根系和土壤微生物之间的两种共生类型。

### 6.1　根　瘤

根瘤是由根瘤细菌侵入到植物根系的皮层，刺激皮层细胞强烈分裂，畸形膨大产生的。根瘤的固氮能力不仅使植物本身获得氮素供应，还能增加土壤的氮肥，在农林业生产上具有重要的实践意义。目前，有的种类已被用于造林固沙及改良土壤。

取豆科植物的根瘤液浸标本观察，可见在其根系上有一些瘤状突起，即为根瘤（图5-13）。取带根瘤的刺槐（或蚕豆、花生）根横切制片在显微镜下观察，区别根本体与根瘤部分的细胞结构特点（图5-14）。在根的横切面上可观察到发育正常的表皮、皮层及维管柱等基本组成部分，但由于根瘤的存在，只占横切面较小的比例。而在面积较大的根瘤横切面上，可见皮层细胞畸形增大，内部充满短杆状的根瘤菌。

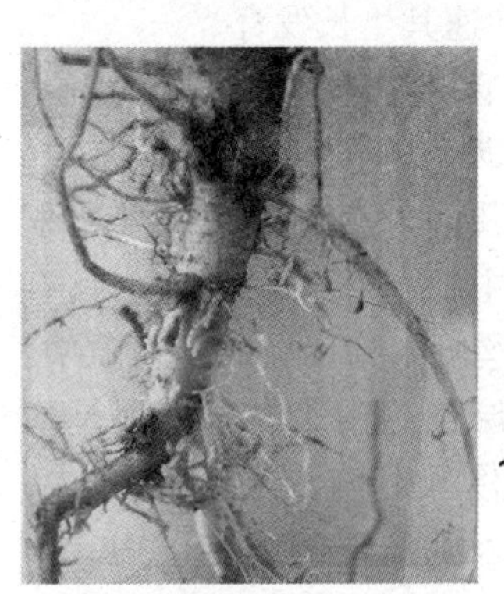

图5-13　黄香草木犀的根瘤

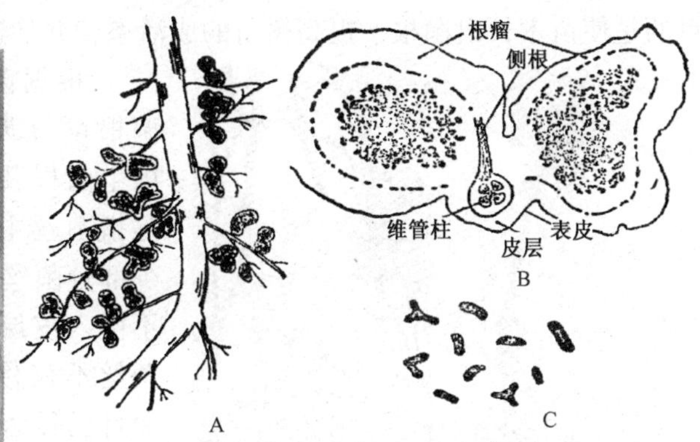


图5-14　刺槐的根瘤及根瘤细菌

A. 根瘤外形　B. 带根瘤部分的根横切片　C. 根瘤细菌

（引自曹慧娟《植物学》）

在一些非豆科植物的根系上也可观察到根瘤（图5-15），但不同植物的根瘤形状不同。

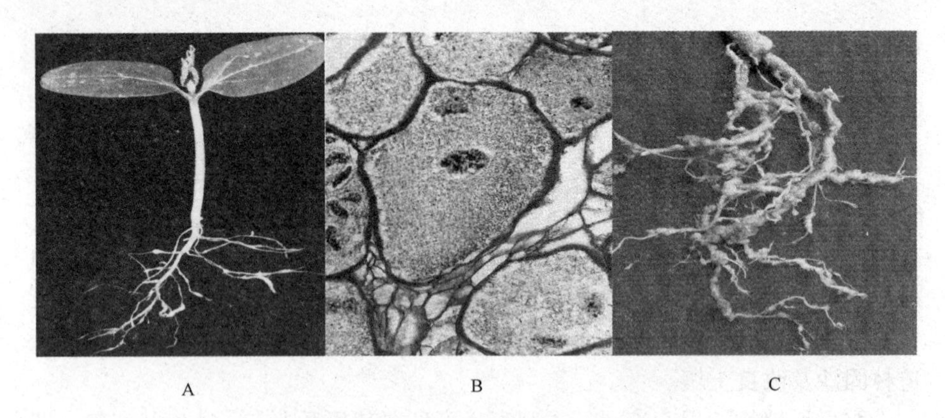

A B C

**图 5-15 黄瓜根瘤及根瘤中的含菌细胞**

A. 具根瘤的黄瓜幼苗 B. 黄瓜根瘤中的含菌细胞 C. 黄瓜根瘤外形

## 6.2 菌 根

菌根是真菌与高等植物（特别是一些多年生木本植物）之间形成的共生关系。菌根不但能增强根的吸收能力，而且还能通过分泌一些物质刺激根系的发育。因此，采用菌根菌接种苗木是目前林业生产中常用的一种手段，目的是使苗木长出菌根，提高树苗的成活率，并加速其生长发育。

A B

**图 5-16 油松菌根**

A. 具菌根的油松幼苗 B. 油松外生菌根局部放大示“Y”形的树杈状结构

根据菌丝在根中的存在部位，菌根可分为三种类型：外生菌根、内生菌根及内外生菌根。外生菌根是指菌丝主要包在根尖外面，只有少部分菌丝侵入到皮层的胞间隙中，不侵入皮层细胞内。内生菌根是指菌丝不仅侵入到皮层的胞间隙中，而且已侵入到皮层的细胞腔内。而内外生菌根则是指上述两种情况均有。

取油松菌根液浸标本观察，可见油松根尖顶端形成“Y”形的树杈状结构（图 5-16）。再取油松幼根及其他木本植物幼根横切片，仔细观察菌丝在根中的分布特点。

# 7 根的变态

植物的营养器官，包括根、茎、叶，通常都有一定的形态特征与其功能相适应。然而，在自然界中，植物的营养器官会随环境变化而改变其原有的功能和形态，称变态。

根的变态有多种，但是不管它的形态如何变化，它在外形上无节和节间的区别，也无叶和腋芽。

观察萝卜、胡萝卜、甘薯等变态根的实物或有关根变态的图片（图5-17），了解变态根的主要类型及其形态特征和功能。

**图5-17　根的变态**

A. 萝卜直根　B. 甘薯块根　C. 胡萝卜直根　D. 榕树支柱根　E. 凌霄攀援根　F. 吊兰气根

## 【思考题】

1. 如何区别直根系和须根系，判断主根、侧根及不定根？
2. 在不同的生境条件下，直根系和须根系各有何优势？
3. 根尖四个分区有无明显界限？各区之间如何演变？
4. 根尖各区的细胞特点如何与它们各自的生理功能相适应？
5. 根初生构造的三个基本组成部分的主要生理功能是什么？
6. 内皮层的生理功能是什么？它是如何通过它的特殊结构发挥作用的？
7. 从根的初生木质部和初生韧皮部的细胞结构特点，如何判断它们的发育方式是外始式，还是内始式？两者是否一致？
8. 单、双子叶植物根的初生构造有何不同？
9. 从根的初生构造到根的次生构造，木质部和韧皮部的排列方式及发育方式有何变化？

10. 木本植物的老根是如何增粗的？
11. 从外部形态及内部结构特征如何区分侧根与根毛？
12. 根瘤与菌根的形成有何不同？
13. 油松的菌根属于哪种类型？
14. 如何识别根的变态？变态根主要有哪些类型？它们各自的功能是什么？

实验 6

# 茎的发育与结构

茎是联系根和叶的地上营养器官，它的主要功能是输导和支持作用。茎上着生叶和芽，芽是枝条和花或花序的原始体，而由于芽发育的差异又形成不同的分枝方式。茎尖顶端分生组织细胞分裂分化进行初生生长形成茎的初生构造。大多数双子叶植物和裸子植物的茎由于具有形成层，初生生长后还能进行次生生长形成茎的次生构造。而大多数单子叶植物茎不具形成层，不能进行次生生长，只具茎的初生构造。茎的经济价值是多方面的，除可供食用、药用等外，还是木材的唯一来源。

## 【实验目的与要求】

（1）了解茎的外部形态和芽的类型与分枝方式。

（2）掌握茎尖的构造和发育。

（3）掌握单、双子叶植物茎的初生构造及其异同点。

（4）掌握茎中维管形成层和木栓形成层的发生部位、活动特点及其所形成的次生构造。

（5）了解木材三切面的结构特点。

（6）了解茎的变态。

## 【实验材料与用品】

（1）新鲜材料：杨树 *Populus* sp.、核桃 *Juglans regia* L.、悬铃木 *Platanus* sp.、丁香 *Syringa* sp.、桃 *Prunus persica* Batsch. 等树木的枝条；姜 *Zingiber officinale* Rosc.、莲 *Nelumbo nucifera* Gaertn.、马铃薯 *Solanum tuberosum* L.、洋葱 *Allium cepa* L.、荸荠 *Eleocharis* sp. 等变态茎。

（2）液浸材料：FAA 固定的杨树、黑枣 *Diospyros lotus* L. 等老茎及无患子 *Sapindus mukorossi* Gaertn. 老根。

（3）永久制片：黑藻 *Hydrilla verticillata*（L. f.）Rich.（或丁香）茎尖制片；向日葵等幼茎横切制片；玉米 *Zea mays* L. 茎横切制片；椴树 *Tilia* sp.（或核桃）茎三切面；松 *Pinus* sp. 茎三切面。

（4）实物标本：椴树、松（或其他树木）茎三切面模型。

（5）实验用品：滑走切片机、显微镜、放大镜、镊子、解剖针、刀片、培养皿、滴瓶、载玻片、盖玻片、擦镜纸、吸水纸等。

（6）试剂：1%番红染液。

## 【实验内容与方法】

## 1　茎的外部形态和芽的类型与分枝方式

### 1.1　茎的外部形态

取核桃（或杨树）的冬态枝条，观察茎的外部形态，辨认节、节间、叶腋、顶芽、腋芽、叶痕、叶迹、枝痕、枝迹、芽鳞痕、皮孔（图6-1）。

节：枝条（茎）上着生叶的部位叫节。

节间：相邻两节之间的部分叫节间。

叶腋：叶片与枝条之间所形成的夹角叫叶腋。

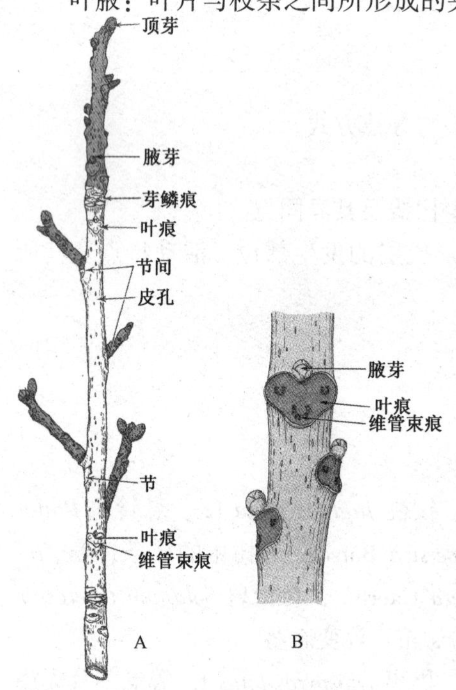


**图6-1　核桃冬态枝条**

A. 外形　B. 局部放大

（引自 Weier 著 *Botany*）

顶芽：着生在枝条顶端的芽叫顶芽。

腋芽：着生在叶腋处的芽叫腋芽。

叶痕：叶片脱落后在枝条上留下的痕迹叫叶痕。

叶迹：叶痕中突起的小点，是叶柄与茎相连的维管束断离后留下的痕迹，叫叶迹。

枝痕：次一级枝条脱落后在其上一级枝条上留下的痕迹叫枝痕。

枝迹：枝痕中突起的小点，是次一级枝条与其上一级枝条相连的维管束断离后留下的痕迹，叫枝迹。

芽鳞痕：春季冬芽萌发成新枝时，芽鳞脱落后留下的痕迹，在枝条上呈多圈紧密的环状排列，叫芽鳞痕。

皮孔：茎表面突起的点状或裂缝

状小孔，是茎内组织与外界气体交换的通道，叫皮孔。

## 1.2　芽的类型与分枝方式

### 1.2.1　芽的类型

芽是处于幼态，尚未伸展的枝、花或花序。

根据芽的着生位置、性质、结构和生理状态等方面，可将芽划为不同类型。按芽在枝条上的着生位置分为定芽（顶芽和腋芽）和不定芽。按芽发育后所形成的器官分为叶芽、花芽和混合芽。按芽鳞的有无分为鳞芽和裸芽。按生理活动状态分为活动芽和休眠芽。

取杨树、悬铃木、丁香等树木的枝条，并结合有关芽的图片，观察枝条上各种芽的外部形态，辨认它们的类型。特别注意观察悬铃木的柄下芽。

### 1.2.2　分枝方式

分枝是植物生长的基本特性之一，由于顶芽和腋芽发育的差异形成了不同的分枝方式。植物的分枝方式主要有如下四种（图6-2）：

单轴分枝：又称总状分枝。主茎的顶芽活动始终占优势，各级侧枝生长均不如主茎，因而形成一个明显而发达的主干，如杨树、松树等。

合轴分枝：顶芽经过一段时间生长以后，停止生长或分化成花芽，由靠近顶芽的腋芽代替顶芽继续发育。每年交替进行，因此主轴是由每年形成的新侧枝相继接替而成，如苹果、桃等。

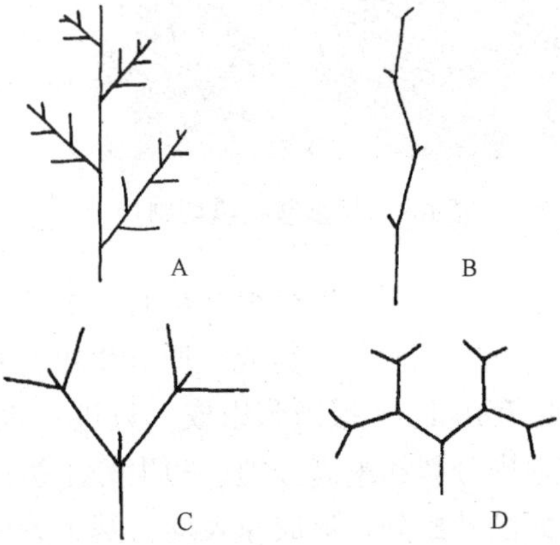

**图6-2　分枝方式**

A. 单轴分枝　B. 合轴分枝　C. 假二叉分枝　D. 二叉分枝

假二叉分枝：具有对生叶的植物，在顶芽停止生长或分化成花芽后，由顶芽下两个对生的腋芽同时生长成二叉状的侧枝，如丁香、梓树等。

二叉分枝：由顶端生长点一分为二，形成两个相同的新枝，经过一段时间的生长，每一新枝的生长点又一分为二，如此反复，如苔藓植物和蕨类植物。二叉分枝是一种原始的分枝类型。

观察杨树、丁香、桃等树木的枝条，苔藓植物和蕨类植物的标本以及有关图片，了解分枝的主要类型。

# 2　茎尖的构造和发育

叶芽是缩短的枝条，通过叶芽作纵切面，可观察到茎尖的基本结构及

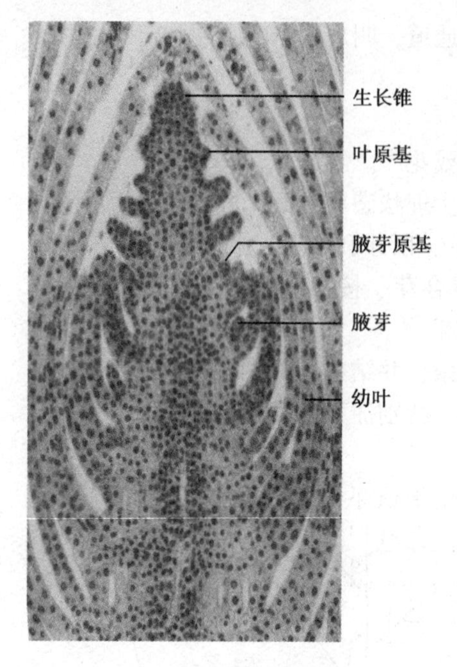


图6-3　黑藻茎尖纵切制片

发育特点。

首先，取丁香（或其他植物）的叶芽（茎尖）在放大镜下做粗解剖，了解茎尖的基本构造。芽的最先端圆锥形部分为生长锥，生长锥基部两侧的小突起为叶原基，生长锥以下的部分为芽轴。在芽轴的周围着生有幼叶，幼叶的叶腋内有腋芽的原始体突起为腋芽原基，以后发育为侧枝。愈近芽轴基部的幼叶愈大，腋芽原基也愈大。在芽的最外面有几层较硬的鳞片状叶为芽鳞。

再取黑藻（或丁香）茎尖纵切制片在显微镜下观察上述各部分，辨认茎尖的分区及其细胞结构和发育特点（图6-3）。

分生区：茎尖的顶端部分为分生区，由原分生组织（生长锥）及其衍生的初生分生组织（位于原分生组织下方）两部分组成。原分生组织具有很强的分裂能力，包括原套和原体。原套由1～4层细胞组成，只进行垂周分裂，原体位于原套的内方，能进行垂周分裂和平周分裂。初生分生组织一方面还具有一定的分裂能力，另一方面已开始分化形成原表皮、基本分生组织和原形成层三部分。

伸长区：位于分生区的下方，细胞明显伸长生长，并且液泡化，该区是茎伸长生长的主要部位。初生分生组织—原表皮已开始分化形成表皮，基本分生组织分化形成皮层和中央部分的髓及髓射线，原形成层分化形成维管束。

成熟区：细胞伸长生长停止，组织分化成熟形成茎的初生构造。

## 3　茎的初生构造

### 3.1　双子叶草本植物茎的初生构造

取向日葵幼茎横切制片，先在低倍镜下区分茎初生结构的三个基本组成部分，即表皮、皮层和维管柱，然后转换至高倍镜仔细观察各部分的细胞结构（图6-4）。

表皮：幼茎最外一层较小、排列紧密的细胞，外壁具角质层，有时可观察到气孔。表皮具有保护作用，是一种初生保护组织。

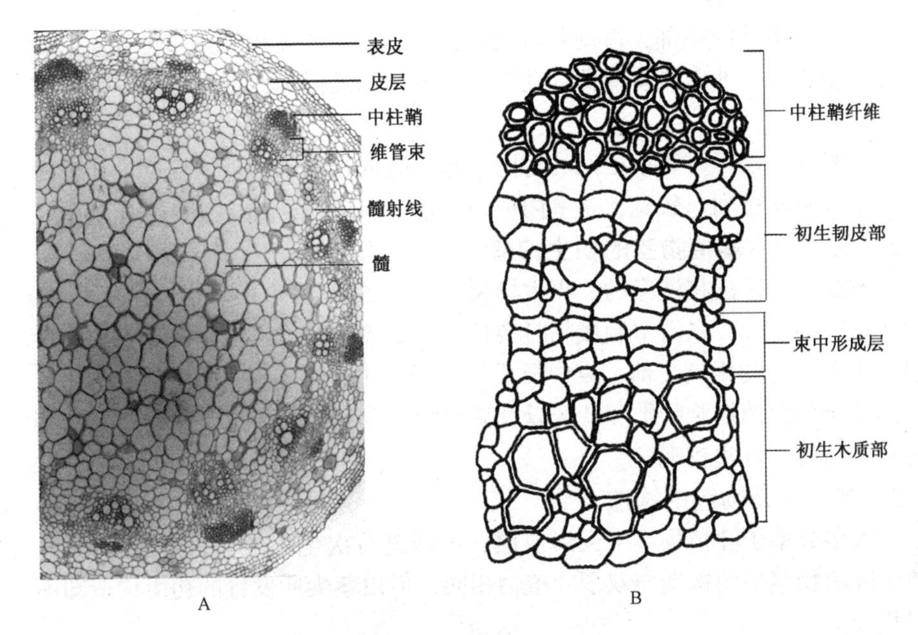


**图6-4 向日葵茎初生构造**

A. 向日葵幼茎横切面 B. 一个维管束的放大

皮层：表皮以内，维管柱以外的部分，只占幼茎很小的比例。通常靠近表皮的几层皮层细胞较小，细胞在角隅处加厚，为厚角组织，能增加幼茎的机械作用。皮层的其余部分均为薄壁组织细胞。皮层的最内一层细胞，即内皮层，在茎中一般不明显。在有些植物幼茎的内皮层细胞中含有淀粉粒，称为淀粉鞘。

维管柱：皮层以内的部分，占幼茎很大的比例，由维管束、髓和髓射线三部分组成。

维管束 在横切面上呈环状排列，每两个维管束之间被髓射线所分隔。每个维管束均由初生韧皮部、束中形成层和初生木质部构成。初生韧皮部位于维管束的外方（向茎周），为外韧维管束，由筛管、伴胞、韧皮纤维和韧皮薄壁细胞组成，主要功能是输送有机物质。其发育方式是外始式，即先分化成熟的原生韧皮部在外方，后分化成熟的后生韧皮部在内方（向中心）。束中形成层紧接初生韧皮部，位于初生韧皮部和初生木质部之间，是原形成层保留下来的具有分裂能力的细胞，在横切面上呈扁平状。初生木质部位于维管束的内方，由导管、管胞、木薄壁细胞和木纤维组成，主要功能是输送水分和无机盐类。其发育方式是内始式，即先分化、导管口径较小的原生木质部在内方，而后分化、导管口径较大的后生木质部在外方。在每一维管束的外端具有成束分布的中柱鞘纤维，也有人称之为韧皮纤维。

髓　位于茎的中部，占幼茎较大的比例，由一些体积较大、排列疏松的薄壁细胞组成，通常具有储藏的功能。有些植物的髓为厚壁细胞或发育时破裂为空腔。

髓射线　位于维管束之间的薄壁细胞，它内连髓部，外通皮层，在横切面上呈放射状排列，较宽，是茎内横向运输的通道。

### 3.2　双子叶木本植物茎的初生构造

按徒手切片法将洗净的一年生杨树枝条（或其他双子叶木本植物幼茎）切成透明的薄片，以清水制成临时装片。用低倍和高倍镜镜检区分表皮、皮层、维管柱（初生韧皮部、束中形成层、初生木质部、髓和髓射线），注意各部分所包含的细胞种类和特征以及髓射线的宽窄，并与双子叶草本植物茎的初生构造进行比较观察。

### 3.3　单子叶植物茎的构造

大多数单子叶植物茎中无形成层，不能进行次生生长，只具初生构造。单子叶植物茎尖的构造与双子叶植物相同，但由茎尖所发育的初生构造却不尽相同。

单子叶植物茎常见有两种类型——具髓腔型和不具髓腔型，但不论哪种类型，都是由表皮、基本组织和维管束三个基本组成部分构成。

取玉米茎横切制片在低倍镜下区分出三个基本组成部分后，转换至高倍镜仔细观察各部分的细胞结构（图6-5）。

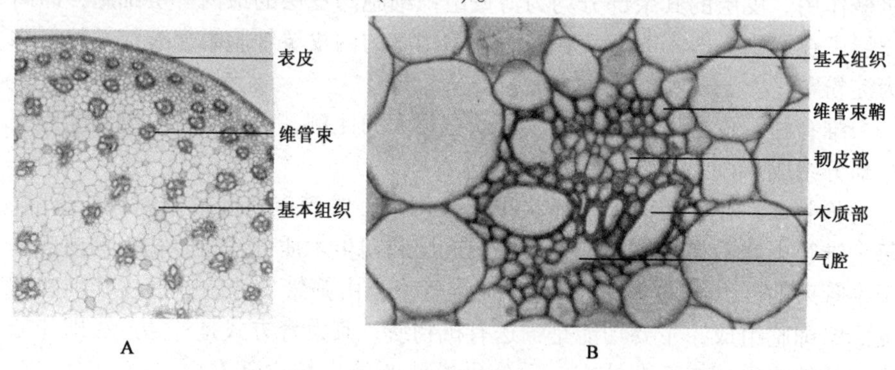


**图6-5　玉米茎的构造**

A. 玉米茎横切面　B. 一个维管束的放大

表皮：茎最外一层排列紧密的细胞，在横切面上呈砖形，外壁具角质层。有时可观察到表皮上的气孔。

基本组织：表皮以内的部分（维管束除外），主要由薄壁细胞构成，愈近茎中部，细胞愈大。但靠近表皮的几层细胞较小，胞壁增厚木质化，为厚壁细胞，起机械支持作用。这几层细胞随取材老嫩程度不同，胞壁增厚程度也不一样，因此在有的横切制片上这几层细胞被染成红色（胞壁增厚程度高），有的则没有（胞壁增厚程度低）。

维管束：散生在基本组织中，外方多，分布密集，但个体较小，愈近中部，数量愈少，但个体较大。每一个维管束仅由位于外方（向茎周一方）的初生韧皮部和位于内方（向茎中心一方）的初生木质部构成，初生韧皮部与初生木质部之间无形成层，为有限外韧维管束，其外方为厚壁细胞构成的维管束鞘。

*初生韧皮部* 由原生韧皮部和后生韧皮部组成。前者位于外方，通常被挤毁，不易分辨。后者位于内方，由横切面上呈多边形的筛管和紧贴筛管呈三角形的伴胞组成。

*初生木质部* 由原生木质部和后生木质部组成，在横切面上呈V字形，被染成红色。V字形底部（向茎中心一方）为1～2个口径较小的环纹或螺纹导管，为原生木质部。在小导管的内方通常有较大的空腔，为原生木质部的少量薄壁细胞破裂形成的气腔。V字形顶部为两个大型的孔纹导管，为后生木质部。

再取水稻（或小麦）茎横切制片，与玉米茎结构对照比较观察，注意它们的异同点。

## 4 茎的次生构造

### 4.1 双子叶植物茎维管形成层和木栓形成层的产生与活动规律

当茎由初生生长转向次生生长时，束中形成层开始活动，此时介于两维管束之间与束中形成层相连的髓射线薄壁细胞恢复分裂能力形成束间形成层。束中形成层与束间形成层连接成一环状形成层为维管形成层。维管形成层由纺锤状原始细胞和射线状原始细胞组成。纺锤状原始细胞向内（向茎中心一方）分裂产生次生木质部，加在初生木质部的外方，向外（向茎周一方）分裂产生次生韧皮部，加在初生韧皮部的内方。通常维管形成层向内产生的次生木质部较多，向外产生的次生韧皮部较少（约为4∶1）。射线状原始细胞向内分裂产生木射线，向外分裂产生韧皮射线，两者统称为维管射线。

在维管形成层活动的同时，通常紧接表皮的皮层细胞恢复分裂能力形成木栓形成层。木栓形成层向外分裂产生木栓层，向内分裂产生栓内层，共同形成周皮，代替由于内部次生组织的增多而被挤破的表皮。木栓形成层也可由皮层深处的细胞或表皮细胞产生。

### 4.2 双子叶木本植物茎的次生构造

取3～4年生椴树茎横切制片，在显微镜下从外向内区分茎的次生构造的各部分结构及其细胞特点（图6-6）。周皮：位于横切面的最外方，由木栓层、木栓形成层和栓内层组成（图6-7），代替表皮起保护作用，有的制片中可看到残存的表皮。

*木栓层* 横切面最外几层排列整齐、扁平的死细胞，细胞壁栓质化增厚，被染成红色。

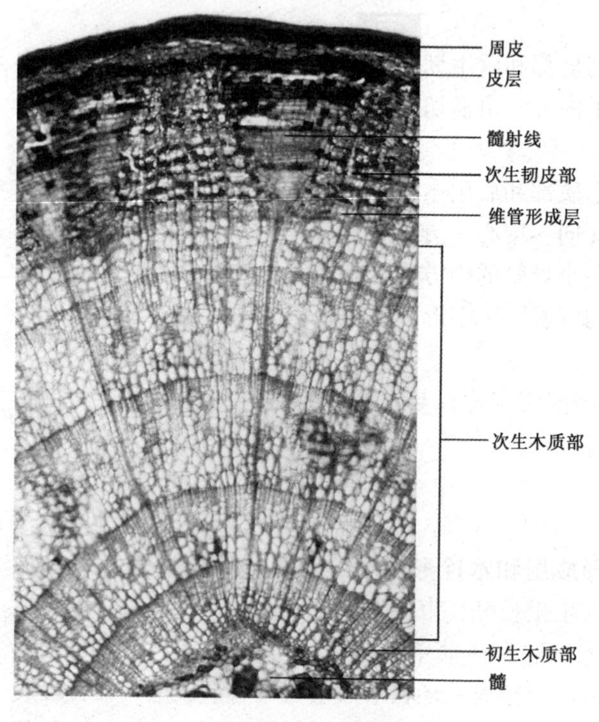


图6-6 椴树茎的次生构造

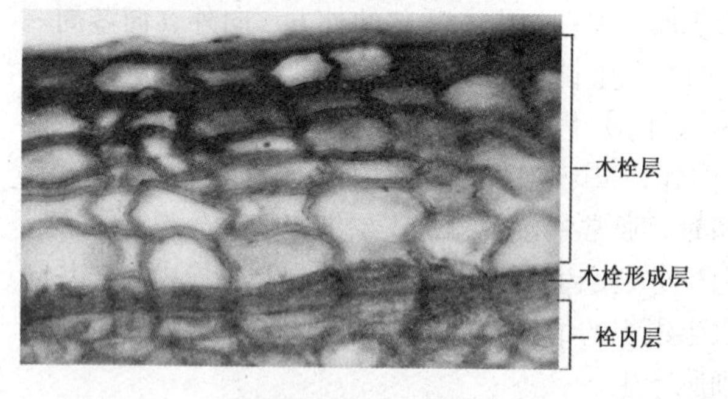


图6-7 周皮的构造

*木栓形成层* 木栓层内方的一层扁平的长方形分生细胞，被染成绿色。但由于木栓形成层的寿命一般为几个月（因植物种类不同而异），因此在有的制片上可观察到木栓形成层被染成红色。当木栓形成层死亡后由皮层深处的薄壁细胞恢复分裂能力形成新的木栓形成层。

*栓内层* 木栓形成层以内的1～2层生活的薄壁细胞。

移动制片，寻找周皮上的皮孔。皮孔一般在气孔的下方产生，在这些部位木栓形成层向外不产生木栓细胞，而产生一些排列疏松的薄壁细胞，称补充细胞。随着补充细胞的不断增多，向外扩张挤破表皮，形成唇形突起，即皮孔，代替气孔成为内部与外界的气体通道。

皮层：周皮以内，维管柱以外的部分，由紧接周皮的几层厚角组织和其内方的薄壁组织细胞组成。有的薄壁细胞中含有晶簇。

韧皮部：位于皮层和维管形成层之间，在横切面上呈梯形分布，梯顶接皮层，梯底接维管形成层，与漏斗形的髓射线相间排列。在靠近皮层的部分为初生韧皮部，由于组织被挤压破坏，所占面积很小，并常呈厚壁的纤维状细胞成束存在。除初生韧皮部以外的其余部分均为次生韧皮部，由被染成绿色的筛管、伴胞和韧皮薄壁细胞与被染成红色的次生韧皮纤维横条状相间排列构成。在次生韧皮部中还有径向放射状排列的薄壁细胞——韧皮射线。

维管形成层：紧接次生韧皮部，即在次生韧皮部与次生木质部之间，只有一层细胞，但由于它向内向外分裂的速度非常快，新分裂出来的细胞分化很浅，与形成层细胞形态相似，因此在横切面通常呈几层排列紧密的“形成层环带”。

木质部：形成层以内，髓以外被染成红色的部分，占据横切面的绝大部分面积，主要由次生木质部组成。接近髓的极小部分为初生木质部，所含导管管腔小，其余为次生木质部。次生木质部主要由导管、管胞、木纤维和木薄壁细胞组成。导管管腔较大，木纤维细胞腔极小，管胞细胞腔介于两者之间。在次生木质部中还可观察到年轮、早材和晚材。年轮是指分布在木质部中的许多同心圆环，由早材和晚材组成。春季形成层活动快，形成的导管口径大、壁薄，着色较浅，为早材；夏秋形成层活动减慢，形成的导管口径小、壁厚，着色较深，为晚材。因此当年的晚材和次年的早材之间的细胞变化非常明显，从而形成了明显的同心圆环。在次生木质部中还有径向放射状排列的薄壁细胞——木射线。

髓：位于茎的最中央，由许多体积较大的薄壁细胞组成。髓部细胞通常含有淀粉、单宁等多种内含物，因此易着色。

射线：包括髓射线和维管射线两部分。髓射线，又叫初生射线（即在初生构造中就已存在），位于两个维管束之间，由髓的薄壁细胞向外辐射排列至皮层，经木质部时为1～2列细胞，至韧皮部时，细胞变大，列数增多，呈倒三角形，因而整个射线呈漏斗状。它的数目是恒定的，与维管束数目相同。维管射线，又叫次生射线，是木射线和韧皮射线的统称。它的数目是不定的，随着茎的生长而增多。

取经过FAA固定的杨树、黑枣等木本植物的老茎茎段，用滑走切片机切成15～20μm的薄片，番红染色制成临时装片，对照观察上述各部分的细胞结构特点。注意不同木本植物老茎的细微区别。

再取悬铃木枝条和无患子老根，用滑走切片机切片，番红染色制成临时装片，比较老茎和老根的区别。

## 5 木材三切面

木材三切面是指木材的横切面、径切面和弦切面三种切面。

横切面：与茎纵轴垂直所作的切面。

径切面：与茎轴平行且通过髓心部分所作的纵向切面。

弦切面：与茎轴平行，但不通过髓心部分所作的纵向切面。

通过木材三切面，可以观察木材三切面的基本形态特征及细胞结构特点。

### 5.1 双子叶木本植物木材三切面

取双子叶木本植物木材三切面的实物标本，肉眼观察木材三切面的基本形态特征。

横切面：可以看到年轮、木射线、心材与边材、髓心。

年轮 是色泽较暗的同心圆环。

木射线 是从髓部向茎周辐射状排列的细条状结构。

心材与边材 在茎的横切面上有明显的颜色差别，靠茎周色浅的部分为边材，靠中心色深的部分为心材。

髓心 是茎最中心的部分，所占面积很小。在横切面上呈现各种形状，如星形、圆形、三角形等。

径切面：亦可以看到年轮、木射线、心材与边材和髓心。在径切面上，年轮呈纵向平行排列的狭带状，木射线呈横向排列的片状。

弦切面：通常只能看到年轮、木射线及边材。在弦切面上，年轮呈纵向排列的宽带状，有些切面上可形成“V”字形纹理。木射线则呈梭状纵向排列。

再取核桃（或椴树）等其他双子叶木本植物木材三切面制片，仔细观察其细胞结构特点（图6-8）。注意双子叶木本植物茎的次生木质部的组成以导管和木纤维为主，管胞和木薄壁细胞较少。

横切面：细胞组成以导管和木纤维为主，导管呈大而圆的空腔，木纤维细胞腔极小。管胞细胞腔介于导管和木纤维之间，但在横切面上与木纤维不易区别。木射线薄壁细胞呈径向放射状排列，可以看出它的长度和宽度（单列射线或多列射线）。在一个年轮内，早材的导管腔明显大于晚材的导管腔，导管比较整齐地沿着年轮环状分布，称环孔材，如椴树。有些树种早材和晚材的导管腔相差不明显，导管散生在木质部中，称散孔材，如梨树、

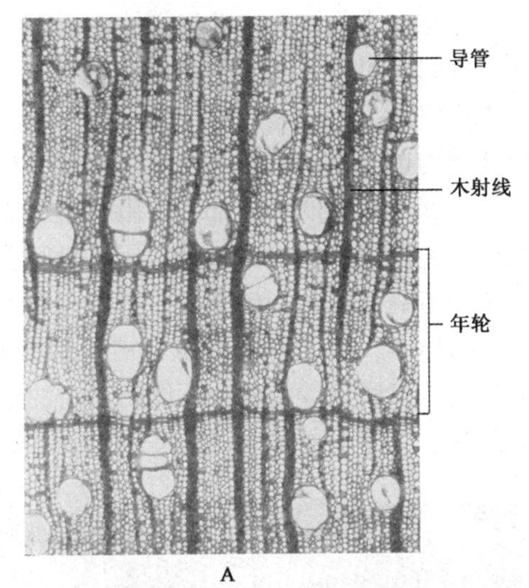


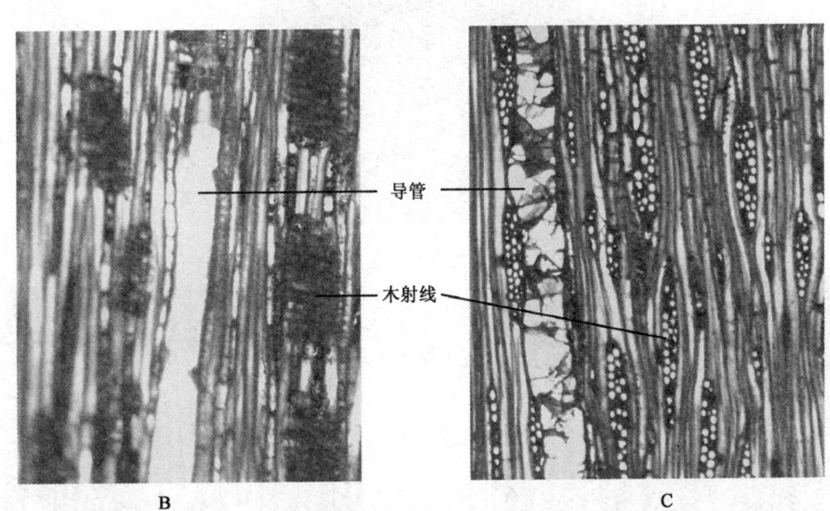


**图6-8 核桃茎的木材三切面**

A. 横切面 B. 径切面 C. 弦切面

杨树等。而有些树种介于环孔材和散孔材之间，称半散孔材，如核桃等。

径切面：由于导管、管胞、木纤维和木薄壁细胞在茎中都是纵向排列的，因此，在径切面上，导管分子是长管状细胞，端壁有穿孔，早材的导管腔亦明显大于晚材的导管腔；管胞是略呈纺锤形的狭长细胞，两端斜尖，无穿孔，管腔小于导管；木纤维是狭长的梭状细胞，通常成束存在，细胞腔极小。木薄壁细胞呈长方形，散布在导管的周围。木射线薄壁细胞呈横向排列的片状，与主轴垂直，可以看到它的长度和高度（射线细胞的层数）。

弦切面：导管、管胞、木纤维和木薄壁细胞的形态与径切面的相似，但木射线束成梭状纵向排列，可以看到它的高度和宽度。

## 5.2 裸子植物木材三切面

裸子植物茎的解剖构造与双子叶木本植物茎相似，只是木质部和韧皮部的细胞组成有所不同。裸子植物的木质部主要由管胞组成，无导管，一般无纤维，木薄壁组织很少；韧皮部主要由筛胞组成，无筛管及伴胞，韧皮薄壁组织较少。此外，裸子植物一般具有树脂道，散布在各器官中。

取松茎三切面实物标本，对照双子叶木本植物木材三切面的实物标本，比较观察年轮、木射线、树脂道等结构在不同切面上的形态特征。

再取松茎三切面制片置于显微镜下观察三个切面的细胞结构特点（图6-9）。

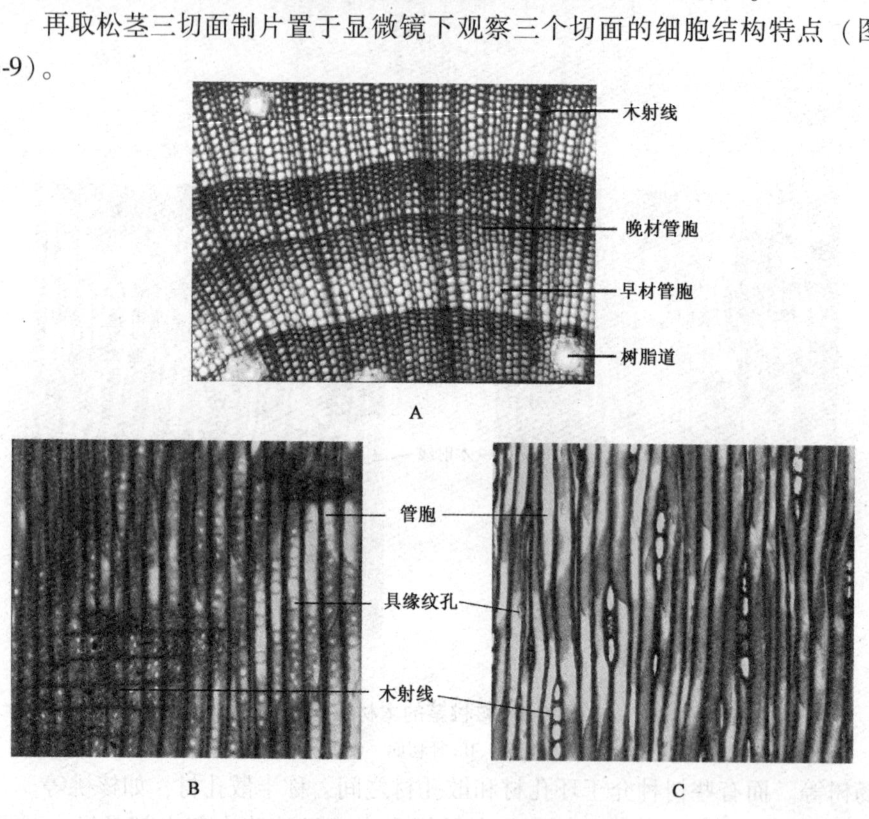


**图6-9 松茎木材三切面**

A. 横切面 B. 径切面 C. 弦切面

横切面：管胞呈四边形或多边形，早材管胞壁较薄、腔大，有时可观察到其径向壁上的具缘纹孔侧面相；晚材管胞壁厚、腔小。但由于缺乏导管，横切面上无大而圆的导管腔，故称为无孔材。木射线径向排列，由许多长方形的薄壁细胞连接而成，通常为1列，因此在横切面上射线很窄。树脂道呈近圆形的腔道状，围绕树脂腔的内层细胞为生活的上皮细胞，上皮细胞具分泌树脂的功能。

径切面：管胞呈纵向排列紧密的梭状细胞，两端斜尖，胞壁上的具缘纹孔呈正面观（双层同心圆）。早材管胞管腔较大、纹孔多而大，晚材管胞管腔较小、纹孔小而少。木射线为长方形的薄壁细胞，与管胞垂直横向排列，壁上有大型方格状的单纹孔。在木射线的上、下最外层常具有射线管胞，成横卧排列，细胞壁呈锯齿增厚，有具缘纹孔。树脂道成纵向分布，上皮细胞在树脂腔两侧。

弦切面：管胞形状与径向切面的相似，但壁上的具缘纹孔呈侧面观（狭缝状）。移动制片，可观察到两种木射线，一是单列木射线，仅由一列细胞组成，整个射线呈狭长的索形；二是多列木射线，由多列细胞组成，整个射线呈两端尖、中央膨大的纺锤形。另外，还可观察到两种树脂道，一是纵向排列的树脂道，与径向切面的相似；二是横向的树脂道，分布在多列射线的中央。

## 6　茎的变态

茎通常生于地面上，也有少数生于地下，但在外形上都有节和节间，具有芽或退化的叶，借此可与变态根区别。

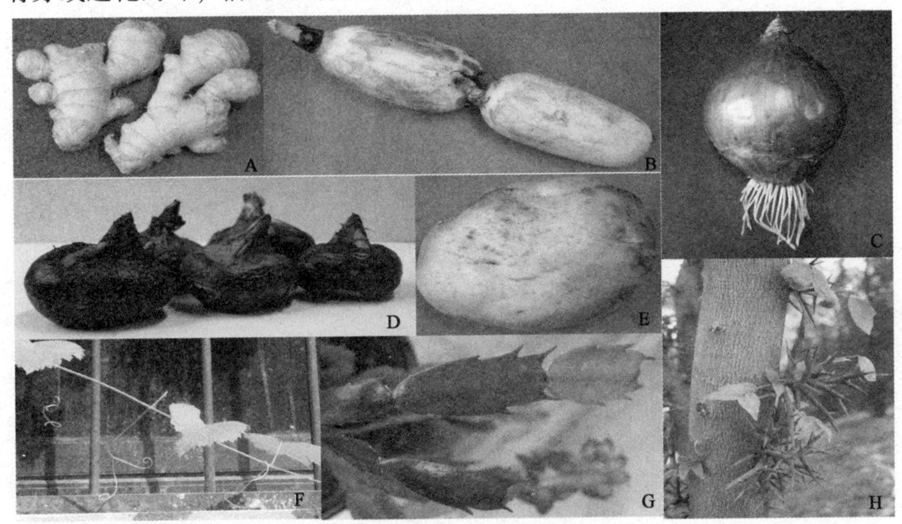


**图6-10　茎的变态**

A. 生姜块茎　B. 藕根状茎　C. 洋葱鳞茎　D. 荸荠球茎　E. 马铃薯块茎　F. 葡萄茎卷须　G. 蟹爪兰叶状茎　H. 皂荚茎刺

观察生姜、藕、马铃薯、洋葱、荸荠等变态茎的实物或有关茎变态的图片（图6-10），了解变态茎的主要类型及其形态特征和功能。

## 【思考题】

1. 根据茎外部形态的什么特征可以判断枝条的年龄？如何判断？
2. 杨树的顶芽，它可以同时是鳞芽、活动芽、叶芽或花芽吗？
3. 从用材或结实的角度出发，应分别选择哪种分枝类型的树种？
4. 双子叶木本植物茎的初生构造与双子叶草本植物茎的初生构造主要有何不同？
5. 双子叶植物茎与根的初生构造有何不同？
6. 双子叶植物茎的初生构造与单子叶植物茎的构造有何不同？
7. 茎与根中形成层的发生有何不同？
8. 木本植物茎如何增粗？
9. 在横切面上如何判断是老根，还是老茎？
10. 如何判断木材三切面？
11. 裸子植物木材三切面与双子叶木本植物木材三切面有何不同？
12. 识别木材三切面的细胞结构特点有何实际意义？
13. 如何识别茎的变态？变态茎主要有哪些类型？它们各自的功能是什么？

# 实验7

# 叶的发育与结构

叶是植物进行光合作用、蒸腾作用和气体交换的主要器官。叶通常由叶片、叶柄和托叶组成，其中叶片是行使叶功能的主要部分。叶的形态是多种多样的，但每种植物都具有各自一定形状的叶。叶的解剖构造都是由表皮、叶肉和叶脉三个基本组成部分构成，但是双子叶和单子叶植物以及裸子植物叶的构造仍存在一定的差异，而且由于受环境因素的影响，叶呈现出与其生态条件相适应的外部形态和内部构造。

## 【实验目的与要求】

（1）了解双子叶、单子叶植物和裸子植物叶的基本外部形态特征。

（2）了解叶的发生和发育的基本过程。

（3）掌握双子叶、单子叶植物和裸子植物叶的解剖构造特征。

（4）掌握不同生态条件下叶的解剖构造特征。

（5）掌握落叶和离层的关系。

（6）了解叶的变态。

## 【实验材料与用品】

（1）新鲜材料：杨树 *Populus* sp.、丁香 *Syringa* sp.、桃 *Prunus persica* Batsch.、玉簪 *Hosta plantaginea*（Lam.）Aschers.、玉米 *Zea mays* L.、松 *Pinus* sp.、云杉 *Picea* sp. 等植物的枝叶。

（2）永久制片：丁香、冬青 *Ilex* sp.、夹竹桃 *Nerium indicum* Mill.、紫菀 *Aster tataricus* L. f. 、水稻 *Oryza sativa* L.、玉米、松等植物叶的横切制片；海仙花 *Weigela coraeensis* Thunb. 等叶柄离层制片。

（3）标本：完全叶、不完全叶及各种变态叶的标本。

（4）实验用品：显微镜、放大镜、镊子、解剖针、刀片、培养皿、滴瓶、载玻片、盖玻片、擦镜纸、吸水纸等。

（5）试剂：1%番红染液。

## 【实验内容与方法】

## 1 叶的形态

### 1.1 叶的基本组成

叶通常由叶片、叶柄和托叶三部分组成，称完全叶，但有些植物的叶缺乏托叶或托叶、叶柄均缺，称不完全叶。

取示完全叶和不完全叶的标本及相关新鲜材料，比较观察它们外形的变化。

### 1.2 双子叶、单子叶植物和裸子植物叶的外形特征

取杨树、丁香、桃等双子叶植物的枝叶，识别叶片、叶柄、托叶和叶脉等叶的基本组成部分。

取玉簪等单子叶植物的茎叶，识别叶片、叶柄、托叶和叶脉等叶的基本组成部分。

单子叶植物——禾本科植物的叶的形态与一般的不同，它由叶片、叶鞘、叶舌和叶耳四部分组成。取玉米（或竹）等禾本科植物的茎叶，识别叶片、叶鞘、叶舌、叶耳和叶脉等叶的基本组成部分。

取松树、云杉等裸子植物的枝叶，识别针叶及其数目以及叶鞘。注意观察云杉的叶枕。

## 2 叶的发生和发育

叶是由茎尖生长锥基部两侧的叶原基发育而成。叶原基的先端部分，形成叶片和叶柄，其基部形成叶基和托叶。分化次序通常是托叶最早，叶片次之，叶柄最晚。

## 3 叶的解剖构造

叶的解剖构造都是由表皮、叶肉和叶脉三个基本组成部分构成，但是双子叶植物、单子叶植物和裸子植物的叶的构造仍存在一定的区别，下面分别叙述它们的构造特点。

### 3.1 双子叶植物叶的解剖构造

取冬青（或丁香）叶的横切制片，在显微镜下区分表皮、叶肉和叶脉三个基本组成部分（图 7-1）。

表皮：上下表皮均由一层排列整齐的长方形细胞组成，无胞间隙。表皮上分布有气孔，但以下表皮为多，并能观察到气孔保卫细胞的横切面及其

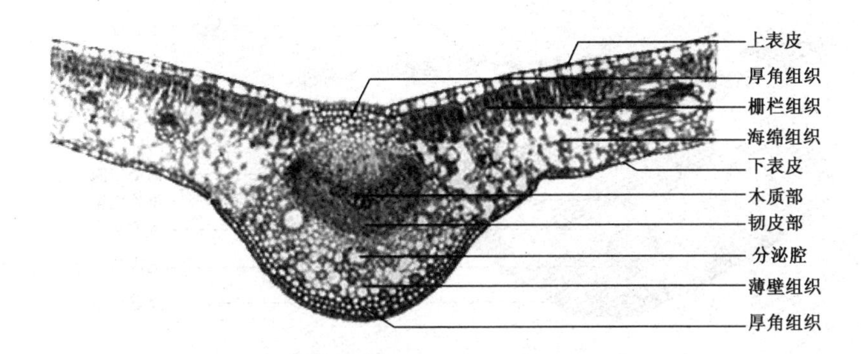


**图7-1　冬青叶片经主脉的横切面**

内侧的气室。此外，还可观察到表皮上覆盖的角质层。

叶肉：上下表皮之间的绿色部分，分化为栅栏组织和海绵组织，是叶片进行光合作用的主要部分。靠近上表皮的为栅栏组织，细胞呈圆柱形，长轴与上表皮垂直排列，细胞排列紧密，细胞内含有很多叶绿体。靠近下表皮的为海绵组织，细胞呈不规则的圆形或多边形，细胞排列疏松，胞间隙较大，细胞内含叶绿体较栅栏细胞为少。

叶脉：即叶中的维管束，贯穿在叶肉组织之中。在横切面上，中央最大的为中脉（主脉），两侧较小的为侧脉。主脉维管束的外围是维管束鞘，由一圈薄壁细胞及其内方的小型细胞（有时为厚壁）组成。维管束鞘以内的维管束由木质部、韧皮部和形成层组成。靠近上表皮的一边（即近轴面），是木质部，由导管、管胞、薄壁细胞和厚壁细胞组成。靠近下表皮的一边（即远轴面）是韧皮部，由筛管、伴胞和薄壁细胞组成。木质部和韧皮部之间为形成层，由于其活动时期极短，因此叶脉没有明显的增粗。

侧脉的构造比较简单，其外围维管束鞘仅一圈薄壁细胞，维管束没有形成层，木质部和韧皮部亦随侧脉越来越小而越趋简化。到叶脉的末端时，木质部简化为一个管胞，游离在组织中，韧皮部也简化为薄壁细胞，与叶肉细胞结合在一起。

### 3.2　单子叶植物叶的解剖构造

单子叶植物叶的形态和结构比较复杂，类型较多。因此，仅以禾本科植物为例描述单子叶植物叶的一般解剖构造。禾本科植物的叶的形态比较特殊，分为叶片、叶鞘、叶舌和叶耳四部分。其叶片的构造与双子叶植物一样，也包括表皮、叶肉和叶脉三个基本组成部分，但叶肉细胞没有栅栏组织和海绵组织的分化。

取玉米叶片横切制片置于显微镜下仔细观察表皮、叶肉和叶脉的构造

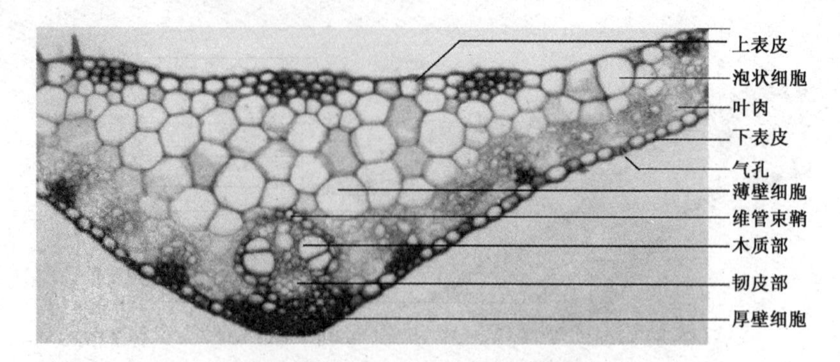


图 7-2 玉米叶片经中脉的横切面

(图 7-2)。

表皮：分上下表皮，主要由普通的表皮细胞构成，细胞排列紧密，近方形，外被角质层。相邻两叶脉之间的上表皮夹有 3 ~ 5 个泡状细胞（即运动细胞），泡状细胞形大壁薄，中央的一个最大，囊状，两旁的渐小，几个泡状细胞连在一起呈扇形。表皮上还有气孔，气孔稍下陷，保卫细胞小，副卫细胞稍大，均略低于表皮细胞。

叶肉：是一些薄壁细胞，没有栅栏组织和海绵组织的分化，胞间隙小，细胞内含叶绿体。

叶脉：与泡状细胞相间平行排列，维管束仅由木质部和韧皮部组成，无形成层，为有限维管束。木质部在靠近上表皮一方，韧皮部在靠近下表皮一方。叶肉中的维管束外有一层由较大的薄壁细胞组成的维管束鞘，它与外侧紧密相连的一圈环状排列的叶肉细胞组成“花环型”结构（图 7-3），有助

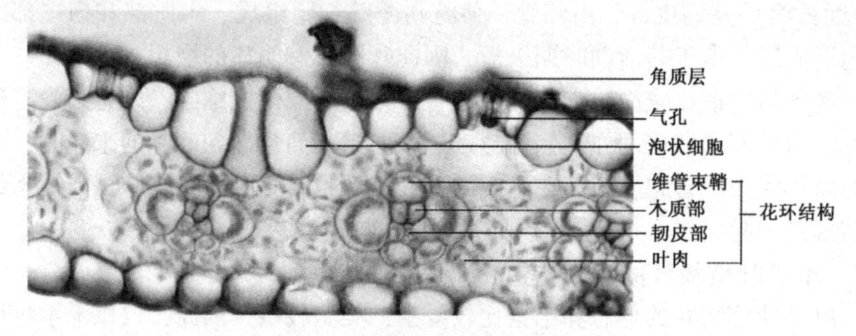


图 7-3 玉米叶片横切面示花环结构

于提高光合效率，称 $C_4$ 植物。此外，在维管束与上下表皮之间，有成束或成片存在的厚壁细胞，这一特点在中脉处尤为明显。

再取水稻叶片横切制片置于显微镜下对照观察上述各部分结构（图 7-4）。

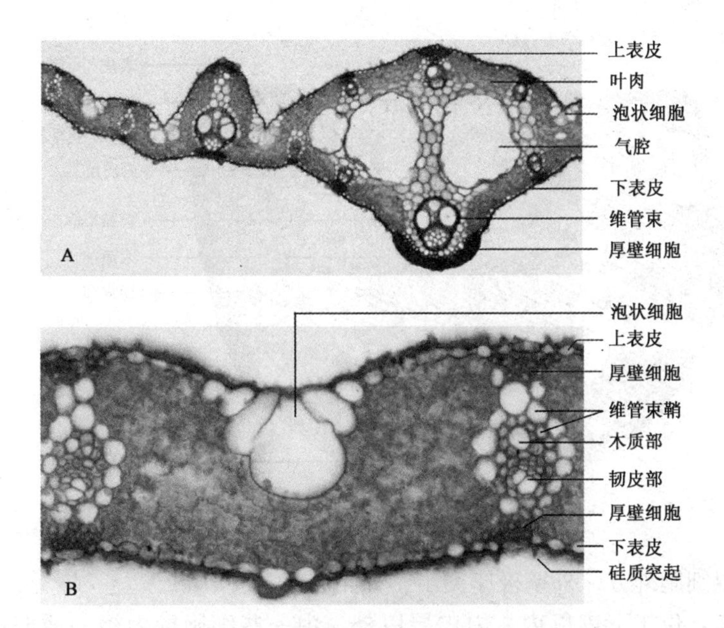


**图7-4 水稻叶片的构造**

A. 经中脉的横切面 B. 侧脉维管束及泡状细胞的放大

表皮：上下表皮均由一层排列紧密的细胞组成，无胞间隙，分布有气孔。在表皮细胞的外壁上，可观察到被染成红色的硅质突起。

叶肉：无栅栏组织和海绵组织的分化，均由细胞壁内褶、含叶绿体的薄壁细胞组成。

叶脉：主脉结构较复杂，其中部通常具有两个大型的气腔，在上下表皮的内方分布有大小不等的维管束。侧脉中一般只有一个维管束。维管束外方的维管束鞘由两层细胞构成，内层是细胞较小的厚壁细胞，外层是细胞较大的薄壁细胞，与叶肉细胞不组成“花环型”结构，属 $C_3$ 植物。

此外，在维管束与上下表皮之间有成束或成片存在的厚壁细胞。

### 3.3 裸子植物叶的解剖构造

裸子植物的叶通常为针形、条形或鳞形，故习惯上称裸子植物为针叶树。针叶树的叶也包括表皮、叶肉和维管束三个基本组成部分，但通常具备一些旱生植物叶的特征。

取松针叶横切制片观察，区分其各部分结构（图7-5）。

表皮与下皮：表皮细胞砖形，排列紧密，细胞壁厚，腔小，有较厚的角质层，无上下表皮的区别。紧接表皮的1~2层厚壁细胞，排列紧密，无胞间隙，为下皮。表皮上的气孔下陷到下皮内，称内陷气孔。它由一对保卫细胞和一对副卫细胞组成。保卫细胞椭圆形，下陷，侧壁与下皮相连。副卫细

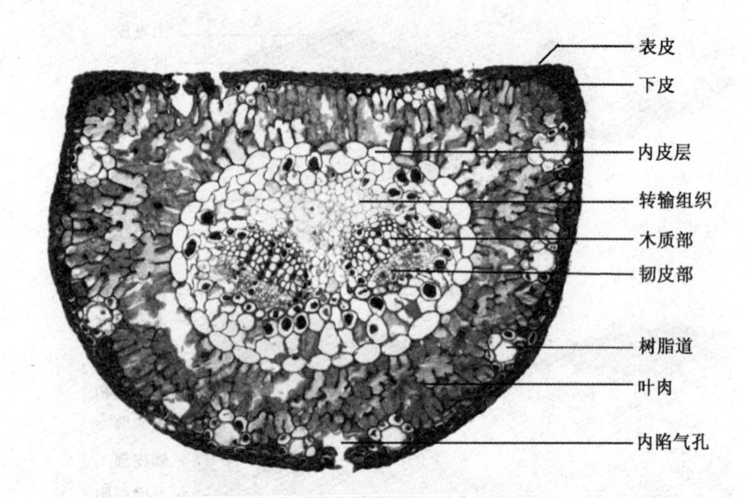


图 7-5　松针叶片横切面

胞在保卫细胞外方，外壁极厚突出，如角状。

叶肉：位于下皮以内，内皮层以外，由一些细胞壁内褶的薄壁细胞组成，无栅栏组织和海绵组织的分化，细胞相互嵌合，细胞内含叶绿体。叶肉组织内分布有树脂道，树脂道由两层细胞组成，内层为具有分泌功能的上皮细胞，外层为厚壁的鞘细胞。树脂道的着生位置因种而异，有的位于叶肉外侧，紧接下皮层，称外生树脂道；有的位于叶肉内侧，紧靠内皮层，称内生树脂道；有的位于叶肉中部，称中生树脂道。

内皮层：位于叶肉内方的一圈排列整齐的椭圆形厚壁细胞，径向壁上可见凯氏点。

维管束：内皮层以内有 1 ~ 2 个外韧维管束。维管束的木质部在近轴面，由管胞和木薄壁细胞相间径向排列而成；韧皮部在远轴面，由筛胞和韧皮薄壁细胞相间径向排列而成。

转输组织：内皮层以内，维管束以外的几层排列紧密的细胞，由薄壁的转输薄壁细胞和厚壁的转输管胞组成。

## 4　不同生境植物叶的解剖构造

### 4.1　旱生植物叶的构造特征

取夹竹桃或其他旱生植物叶横切制片观察旱生植物叶的表皮、叶肉和叶脉的变化特点（图 7-6）。

表皮：由 2 ~ 3 层厚壁的细胞组成，称复表皮，外层细胞的外壁有发达角质层。下表皮上一些分布有气孔的部位下陷，下陷的表皮细胞特化为表皮

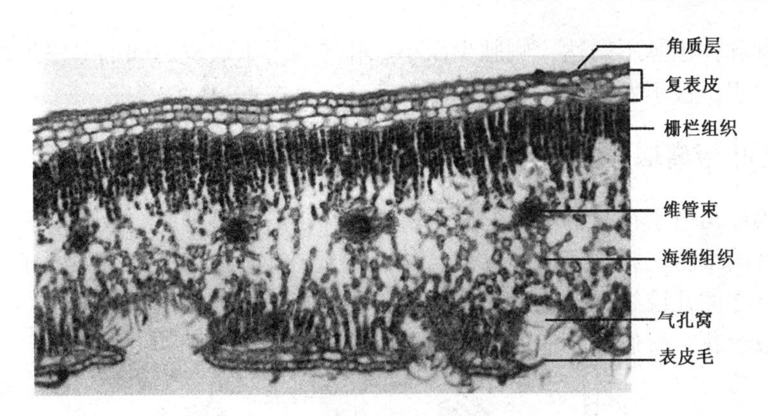


图7-6 夹竹桃叶片横切面

毛，称气孔窝。

叶肉：栅栏组织在上下表皮内侧均有分布，多层，但在上表皮内侧分布较多。海绵组织位于中部，层数较多，有胞间隙。叶肉细胞通常含有晶簇。

叶脉：夹竹桃叶的主脉较大，为双韧维管束，即木质部的上（近轴面）下（远轴面）方均有韧皮部分布。侧脉很小，结构与一般双子叶植物叶无明显差异。

## 4.2 阴生植物叶的构造特征

取紫菀或其他阴生植物叶横切制片，观察阴生植物叶的表皮、叶肉和叶脉的变化特点（图7-7）。

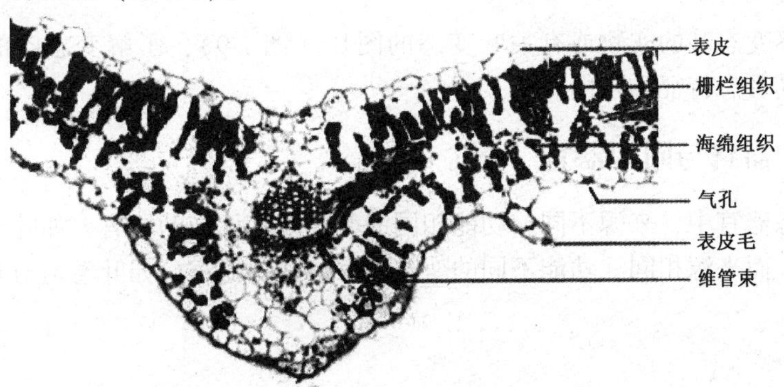


图7-7 紫菀叶片横切面

表皮：由一层排列紧密的细胞构成，角质层不发达。表皮（主要是下表皮）上分布有气孔和表皮毛，气孔不下陷。

叶肉：栅栏组织和海绵组织的分化不明显。栅栏组织一层，长柱形，排列疏松，有明显胞间隙；海绵组织的形态类似栅栏组织，但稍不规则些，层数少，有大的胞间隙。

叶脉：主脉不发达，侧脉少而小。叶脉与上下表皮之间的厚壁组织，即机械组织，极不发达。

## 5 落叶与离层

落叶是由于在叶柄基部形成了由几层扁小的薄壁细胞组成的离区，然后由离区的细胞彼此分离形成离层，从而导致叶柄从枝条上脱落。与此同时，离层下方的几层细胞栓化，在枝条上的叶柄断面处形成保护层。

取棉花、海仙花叶柄离层制片观察离层的形成（图 7-8）。

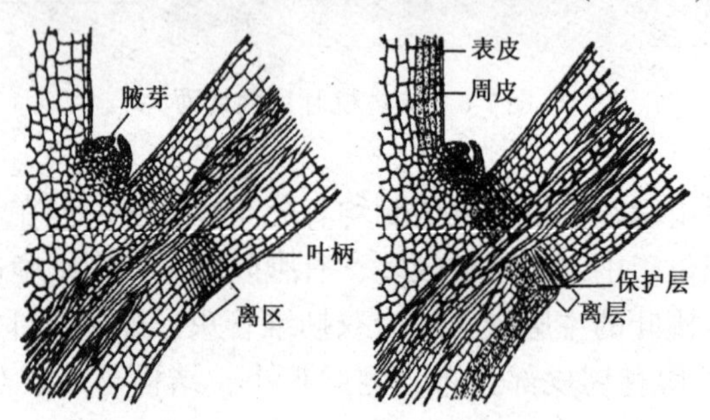


**图 7-8 棉花叶柄基部示离层形成**

（引自曹慧娟《植物学》）

## 6 叶的变态

观察变态叶的实物或有关叶变态的图片（图 7-9），了解变态叶的主要类型及其形态特征和功能。

## 7 同功器官与同源器官

变态器官中，来源不同、功能相同的变态器官称同功器官，如叶卷须与茎卷须。而来源相同、功能不同的变态器官称同源器官，如叶卷须与叶刺。

**图7-9　叶的变态**

A. 一品红苞叶　B. 台湾相思树叶状柄　C. 杨树鳞芽　D. 小檗叶刺
E、F. 仙人球叶刺　G. 爬山虎吸盘　H. 捕蝇草　I. 猪笼草

## 【思考题】

1. 双子叶和单子叶植物的叶在外形上主要有何不同？
2. 双子叶和单子叶植物叶片在解剖构造上有何不同？
3. 叶片中的木质部位于近轴面，还是远轴面？
4. 单子叶植物叶片能次生生长吗？为什么？
5. 玉米、水稻等单子叶植物叶片中的泡状细胞有何功能？
6. $C_4$ 植物玉米叶片与 $C_3$ 植物水稻叶片在维管束的结构上有何不同？
7. 旱生植物叶、阴生植物叶、水生植物叶在解剖构造上与生态环境有何适应性变化？
8. 松针叶在形态结构上倾向于哪种生态类型？
9. 落叶之前，叶柄基部发生了什么变化？
10. 变态叶主要有哪些类型？它们各自的功能是什么？如何识别叶的变态？
11. 举例说明何为同功器官或同源器官？

实验 8

# 种子植物有性生殖

在种子植物的生活史中，花粉管的产生使其生殖过程的受精作用彻底摆脱了水的限制，种子的形成使其更加适应陆生生活，种子植物这两个特点可以看作是进化上的一个飞跃。而双受精现象和花、果实等器官的出现，又是被子植物在生殖方面较裸子植物进化的重要方面。种子植物与人类关系密切，特别是种子植物的有性生殖，关系到人类的衣食住行。认识、了解种子植物的有性生殖过程和特点，有利于人类更好地保护和利用有限的植物资源，造福于人类。

## 【实验目的与要求】

(1) 掌握裸子植物与被子植物在生殖方面表现出的异同点。

(2) 掌握重要造林绿化树种——裸子植物的重要代表——松树生殖过程中的几个重要的时期，特别是传粉受精及胚发育时期重要的变化。

(3) 掌握被子植物雄蕊花药中小孢子的发生和成熟花粉粒的形成。

(4) 掌握被子植物胚珠中大孢子的发生和蓼型胚囊发育的过程。

(5) 学会用涂片法检查雄蕊发育的不同时期。

(6) 了解不同植物成熟花粉粒大小、形态特点及如何检查花粉在柱头上萌发。

(7) 了解胚发育的不同阶段。

## 【实验材料与用品】

(1) 永久制片：松树大、小孢子叶球纵切片，示孢子叶球的构造特点；百合子房和花药的横切片，示子房和花药内的构造和不同发育时期的特点；荠菜花的纵切片，示双受精后不同发育时期胚的构造特点；芝麻柱头制片，示花粉在柱头上的萌发（示范）；松树二年生球果内胚珠的纵切，示颈卵器（示范）。

(2) 实验材料：油松 *Pinus tabulaeformis* Carr. 或白皮松 *Pinus bungeana*

Zucc.、银杏 *Ginkgo biloba* L. 不同发育时期的小孢子叶球；迎春 *Jasminum nudiflorum* Lindl.、连翘 *Forsythia suspens*（Thunb.）Vahl、山桃 *Prunus davidiana*（Carr.）Franch.、百合 *Lilium* sp. 等植物不同发育时期的雄蕊；文冠果 *Xanthoceras sorbifolia* Bunge 花后的子房；蟹爪兰 *Schlumbergera truncata*（Haw.）Moran、百合子房；蟹爪兰花后的雌蕊柱头；瓜叶菊 *Cineraria cruenta* Masson、木槿 *Hibiscus syriacus* L.、文冠果等植物的花粉（新鲜或实验前先用 FAA 或卡诺氏固定液固定后，保存于 70% 酒精中）带有大小孢子叶球的当年生松枝及带有二年生雌球果松枝的新鲜或液浸标本。

（3）试剂：醋酸洋红，45% 冰醋酸，卡诺氏固定液，1% 无水硫酸钠，苯胺蓝（溶于磷酸钾溶液中）。

（4）实验用品：显微镜、放大镜、镊子、解剖针、刀片、培养皿、滴瓶、载玻片、盖玻片、擦镜纸、吸水纸等。

## 【实验内容】

## 1 孢子叶球外部形态的观察

### 1.1 孢子叶球位置

取新鲜或液浸的着生有大、小孢子叶球的当年生松枝观察，可见在当年生松枝的顶端着生有 1~2 个如豌豆大小的紫色大孢子叶球。在当年生枝条的基部簇生着多个长椭圆形的小孢子叶球（图 8-1，图 8-2）。

图 8-1 松树小孢子叶球

图 8-2 松树大孢子叶球

图 8-3 松树当年生和二年生球果

二年生球果则着生在当年生和二年生枝条的交接处，球果明显增大。未开裂时为绿色，已开裂的球果为黄褐色，已木化的珠鳞背部有一膜质的苞片，腹部有少量未散出的带翅种子（图 8-3）。

### 1.2 孢子叶球的解剖构造

分别取当年生、液浸保存的大、小孢子叶球，置实体解剖镜下观察，可见多枚孢子叶螺旋排列在大、小孢子叶轴上。分别摘取 1~2 片大、小孢子叶观察，可见在大孢子叶片的腹面着生两枚倒生的胚珠（芝麻大小）；小孢子叶片的背部则着生两个小孢子囊，囊内部充满大量黄色的花粉。

## 2 永久制片观察

### 2.1 松树大孢子叶球纵切制片

可见围绕大孢子叶球纵轴，螺旋排列数片大孢子叶，大孢子叶的背面是不育的孢子叶形成的膜质苞片，腹面是倒生的单珠被胚珠。在珠心靠近珠孔的部位（有人称之为珠孔室）可见萌发或未萌发的花粉。有时可见珠心内刚刚开始发育的核型雌配子体（在珠心靠近合点端的部位），约有 20 ~ 30 个游离核，是有功能的大孢子有丝分裂形成的发育中的雌配子体（彩版 2-1，2-2）。

### 2.2 松树小孢子叶球纵切制片

可见围绕小孢子叶球纵轴螺旋排列着数片小孢子叶，小孢子叶的背面着生的是小孢子囊（注意判断囊内的细胞是小孢子母细胞、四分体还是小孢子）（彩版 2-3）。

### 2.3 百合子房横切

百合雌蕊是由三心皮、三室的复雌蕊组成。

注意区别子房壁、子房室和室间隔及在中轴胎座上着生的倒生胚珠。胚珠具双珠被、珠柄、珠心（在靠近珠柄的一侧的外珠被与珠柄愈合，因此只见一层内珠被）。在珠心内可见不同发育时期的胚囊（二核、四核或成熟时期的）（图 8-4）。注意成熟胚囊的品字型的卵器在珠孔端，洋梨形卵细胞的液泡在珠孔端，卵细胞的核在合点端、助细胞的核在珠孔端，液泡在合点端（彩版 2-4）。

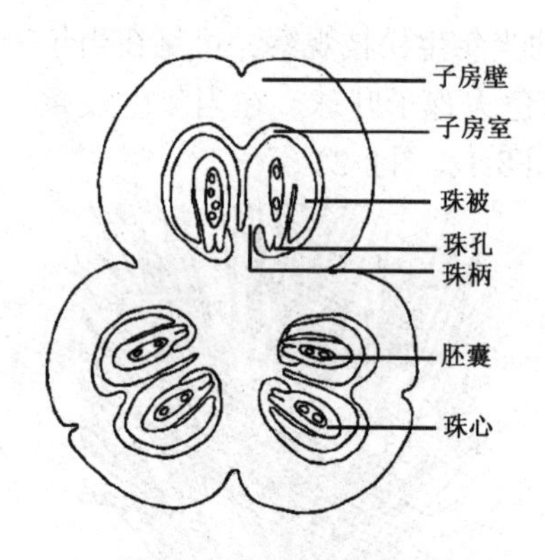

图 8-4 百合子房横切简图

### 2.4 百合花药横切

百合花药有四个花粉囊，药隔将它们连接在一起。在药隔的中心是与花丝连接的维管组织（图 8-5）。观察不同发育时期（有小孢子母细胞时期、四分体时期及单核小孢子、二核小孢子时期等）的花药，注意花粉囊壁以及囊内细胞的发育和结构特点不同（彩版 2-5）。

在小孢子母细胞时期，花粉囊的外边除有表皮外，还有三层由壁细胞发育形成的纤维层、中层、绒毡层。注意观察不同壁层细胞的结构特点。

纤维层：紧靠表皮的一层，后期细胞径向伸长，细胞内的贮存物质消失，细胞壁产生许多带状加厚（稍木质化的纤维），这层细胞与花药的开裂有关。

中层：是由一至数层扁平的细胞组成，为花粉发育提供营养，花药成熟时消失。

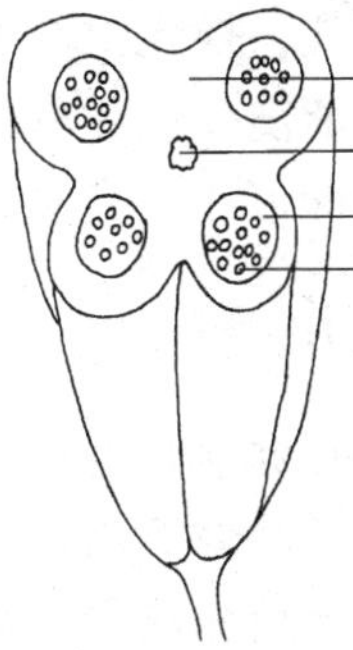

绒毡层：是花粉囊壁最内的一层，特点是多核、径向伸长，它为花粉提供营养、花粉壁物质（孢粉素）、外壁蛋白，并适时提供胼胝质酶，将小孢子从四分体中释放出来。

图 8-5　百合花药横切简图

因此，成熟花药开裂时，花粉囊壁仅有两层，即表皮和纤维层。

**2.5　荠菜花（后期）的横切**

在倒三角形荠菜子房的横切面上可见多枚不同发育时期的胚珠着生在假隔膜上，荠菜的弯生胚珠珠孔向下，珠心内是一个弯生的、马蹄形的胚囊。胚囊内有处于不同发育时期的胚（球形、心形、子叶胚、成熟胚）。注意在球形胚形成的基础上，在子叶即将形成的位置上形成子叶原基。随着子叶原始体的逐渐发育，球形胚成为心脏形的胚。在胚发育的同时可见受精极核发育形成的胚乳（是核型胚乳）。但随着胚发育的成熟，胚乳作为营养被吸收。成熟时胚只见两片大而弯曲的子叶、胚芽、胚轴和胚根。由于荠菜是弯生的胚珠，注意识别珠孔端。

**2.6　示范观察**

白皮松二年生胚珠纵切制片：示颈卵器（2～3 个）在雌配子体上发育的情况，注意珠心与雌配子体的关系。在颈卵器中可见卵核和受精液泡的存在）（彩版 2-6，2-7）。

芝麻柱头制片：示花粉在柱头上萌发出的花粉管。

选取不同发育时期的木槿子房横切为例，说明胚珠内蓼型胚囊发育的不同时期（如大孢子母细胞、四分体、有功能的大孢子、二核、四核、成熟八核胚囊）。

蟹爪兰花柱的压片：用蟹爪兰的花柱做一临时装片，用于观察花粉在柱头上萌发的情况。在荧光显微镜下可观察到发黄绿色荧光的花粉管（彩版 2-8）。

制片过程：取下花柱放入盛有卡诺氏固定液的称量瓶中，固定 1h 后，经蒸馏水漂洗，换入10%的无水硫酸钠中，沸水浴10～20min，待花柱足够软后，用水清洗，然后取出置于干净的载玻片上，滴加苯胺蓝溶液，盖上盖玻片轻压，即可在荧光显微镜下观察（激发光用蓝紫光即可）。

## 3 临时装片

（1）裸子植物小孢子叶球上小孢子囊内花粉的发生和发育：以松树或银杏的小孢子叶球为材料，用涂片法制成临时装片，用醋酸洋红染色（染后在酒精灯上稍加热并用45%冰醋酸分色），观察小孢子囊内不同的发育时期即小孢子母细胞、四分体或花粉，注意花粉母细胞与花粉在大小、形态上的重要区别，如松树花粉具有明显的两个气囊（或翅）。

（2）被子植物花中雄蕊花药内小孢子发生发育情况：以山桃或连翘、迎春、百合不同发育时期的花药为材料（提前固定），采用涂片法制成临时装片，经醋酸洋红染色（染后在酒精灯上稍加热并用45%冰醋酸分色），观察从花粉母细胞、四分体，直至花粉的不同的发育阶段，观察不同植物花粉的形态特点（彩版2-9）。

（3）用事先固定好的蟹爪兰、文冠果或百合的子房做子房横切，观察子房的组成及胚珠着生的位置。

（4）采集不同新鲜植物（瓜叶菊、木槿、文冠果等）的花粉（或实验前用FAA或卡诺氏固定液固定1～2h后保存于70%酒精中），用镊子取新鲜花粉或用吸管吸取已固定好的花粉，置于干净的载玻片上，用醋酸洋红染色（加热，45%冰醋酸分色）制成临时装片，观察不同植物的花粉在大小、形状、纹饰及萌发孔、沟等方面的差异。

## 【思考题】

1. 何谓大、小孢子发生和雌、雄配子体发育？二者有什么不同？

2. 被子植物在生殖过程中的哪些方面表现比裸子植物要进化？

3. 为什么说种子植物较苔藓、蕨类在适应陆生生活方面有了巨大的飞跃，表现在哪些方面？

4. 在生殖过程中，减数分裂发生在什么时期，它的生物学意义是什么？

5. 松树的生活史中从大、小孢子叶球的发生至种子成熟，经历多长时间，为什么？

6. 蓖麻种子中的胚乳与松籽或银杏中的胚乳从来源上讲有什么不同？为什么？

7. 为什么不能在同一张片子上同时看到蓼形胚囊的七个细胞八个核？

8. 为什么粮食作物或果树在开花传粉受精时，天气的状况会对作物或水果的产量产生重要的影响？试分析与哪些方面的因素有关？

9. 胚囊是在胚珠的哪个部分上形成？颈卵器是在胚珠的哪个部分上形成的？

# 实验9

# 藻类植物、菌类植物、地衣

在植物界中，藻类植物 Algae、菌类植物 Fungi、地衣 Lichenes 属于低等植物，菌类植物可分为细菌和真菌两大类。地衣是藻类植物和真菌的共生体。低等植物结构比较简单，没有根、茎、叶的分化，生殖过程不形成胚，大部分生活在水中或潮湿的地方。

## 【实验目的与要求】

（1）了解低等植物各类群的主要形态结构特征及其区别。

（2）了解低等植物各类群的重要代表植物及其在系统进化过程中的地位。

## 【实验材料与用品】

（1）永久制片：念珠藻、轮藻、海带、黑根霉、青霉、盘菌、伞菌、细菌三型、地衣等。

（2）溪流或池塘中的水样及潮湿的土样。

（3）各种液浸和干制标本。

（4）实验用具：显微镜、载玻片、盖玻片、吸管、镊子、吸水纸、纱布等。

（5）试剂：1% 碘 - 碘化钾溶液。

## 【实验内容】

## 1　藻类植物

### 1.1　念珠藻属 *Nostoc*

念珠藻 *N. commune* Vanch. 属于蓝藻门 Cyanophyta。植物体是由许多念珠状的丝状体外面裹以胶质而形成。取念珠藻永久制片置于显微镜下观察，可见胶质内有很多丝状体，每一丝状体即为一个体（图 9-1）。在高倍镜下观察，丝状体由单列的营养细胞组成，其中部或两端，有个别形状较大的细胞称异形胞。异形胞断离而将植物体分成数段，每段称为连锁体，又称藻殖段，植物体即以藻殖段进行营养繁殖。

### 1.2 颤藻属 *Oscillatoria*

属于蓝藻门。常生长在浅水沟渠中，外观为蓝绿色的膜状物。用镊子或解剖针取少量含有颤藻丝状体的潮湿土样，做临时制片，置显微镜下观察，可见颤藻的丝状体为一列扁圆柱形的细胞组成，不分枝（图9-2），由于是原核植物，细胞内没有核膜的分化，含有色素（藻蓝素、叶绿素等），呈蓝绿色。颤藻丝状体的先端向两侧来回颤动，故此得名。

### 1.3 衣藻属 *Chlamydomonas*

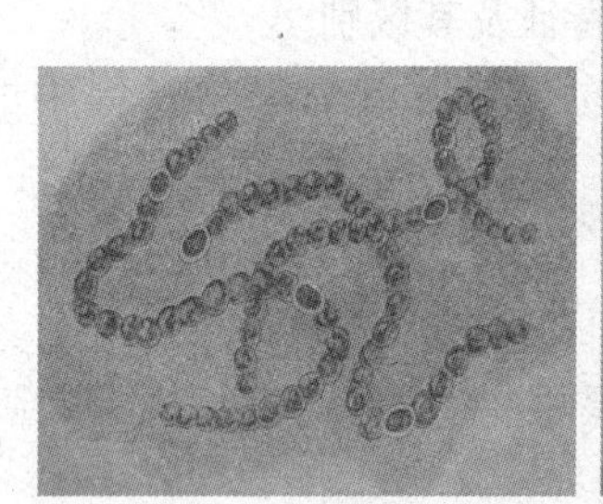

图9-1 念珠藻

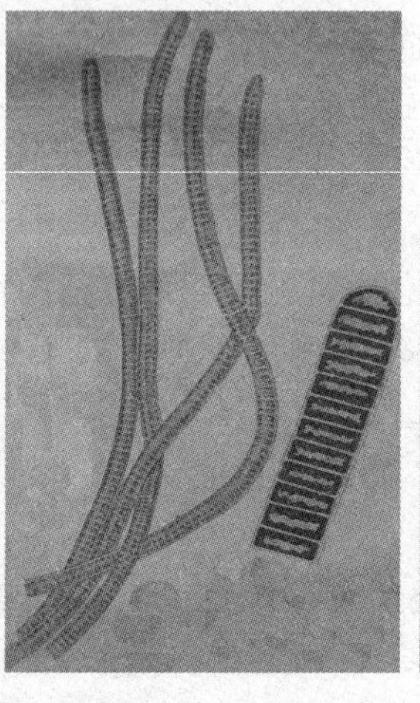

图9-2 颤藻

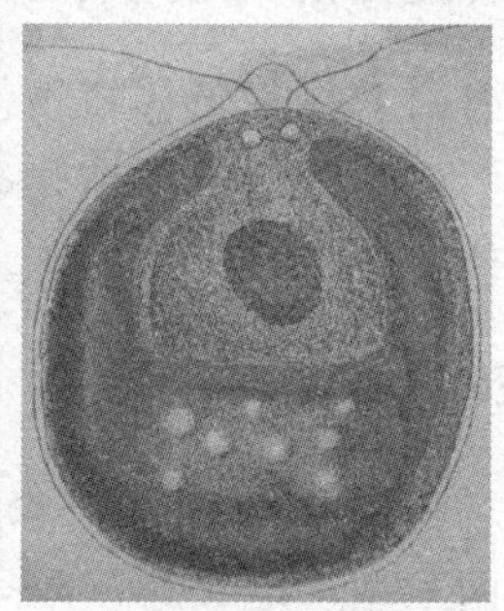

图9-3 衣藻

属于绿藻门 Chlorophyta。用吸管吸取少量含有衣藻的池塘水，滴于载玻片上，覆以盖玻片，置显微镜下观察，可见许多卵形或球形的、绿色的单细胞的植物体。细胞内具有一杯状色素体，其底部有一蛋白核，在色素体近前部侧面有一个红色眼点。经碘液染色后，可见植物体前端有两根鞭毛，衣藻就靠这两根鞭毛进行游动（图9-3）。

### 1.4 水绵属 *Spirogyra*

属于绿藻门。常生长在溪流或池塘中，外观棉絮状，仔细观察为丝状体。由于植物体含有果胶，用手触摸，有一种滑腻的感觉。取少量水绵丝状体，作临时装片，置显微镜下观察，可见水绵丝状体由许多圆柱形细胞组成，不分枝。细胞内具有一条或几条绿色的带状色素体螺旋排列。色素体上有许多发亮的小颗粒，为淀粉核。细胞中部为一大液泡，并可见细胞核由原生质丝悬挂于细胞中央（图9-4）。如核不易见到，加一滴碘液后再观察。

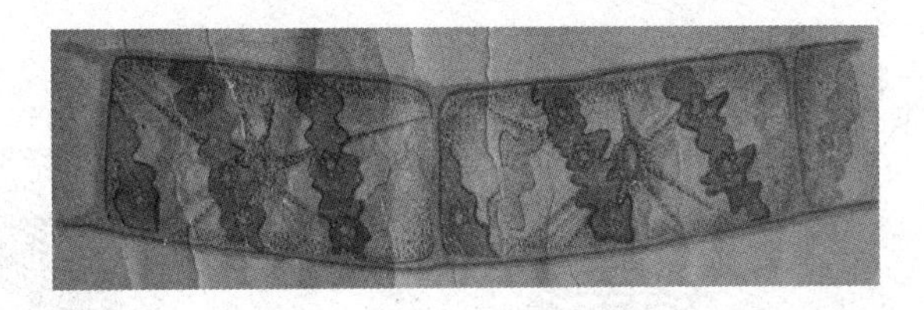

图9-4　水绵

可见细胞核染成橘黄色，而淀粉核呈蓝紫色。

### 1.5　轮藻属 *Chara*

属于绿藻门。多分布于池塘、湖泊、稻田之中。植物体高度分化。在显微镜下观察轮藻的永久制片，可见植物体由主枝、侧枝、轮生短分枝及假根构成，有节及节间的区别，在节上长出单细胞的“叶”，“茎”及“叶”内有颗粒状的色素体。在“叶”腋中生有卵囊，其下生有精子囊，卵囊呈卵形，由扭转的细胞构成；精子囊呈球形，由盾形的多细胞组成（图9-5）。

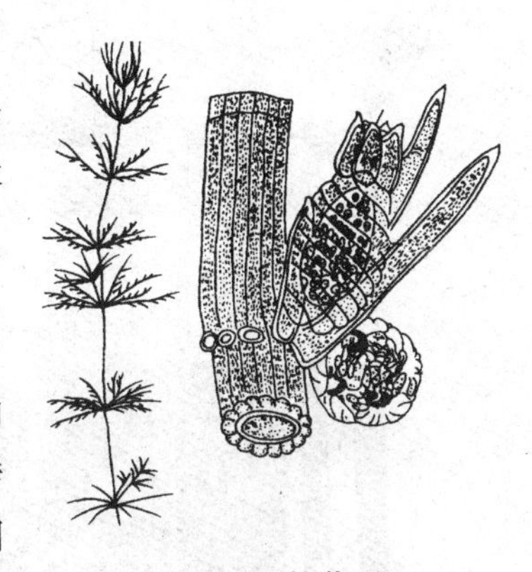

图9-5　轮藻

（引自何凤仙《植物学实验》）

### 1.6　海带 *Laminaria japonica*

属于褐藻门 Phaeophyta 昆布属 *Laminaria*。生活在近海海水中。首先观察海带的外部形态，植物体为绿褐色、扁平的带状体，分化为假根、柄及带片三部分。然后在显微镜下观察海带带片横切面永久制片，可见带片中细胞有明显的分化。最外层为形状较小但排列整齐的表皮，内为皮层，由较大的薄壁细胞组成，中部为髓，细胞壁有显著的加厚，具有输导功能。在带片的两面或一面可见由表皮细胞发育成的长而不育的隔丝及较隔丝短的长椭圆形的游动孢子囊。隔丝的顶端形成一个胶状物的冠（图9-6）。在高倍镜下观察，可见游动孢子囊处于不同的发育时期，在成熟的游动孢子囊中充满游动孢子。

### 1.7　取不同环境下的水样，制成临时装片镜检。

观察水样中的各种藻类（图9-7）。

### 1.8　观察新月藻和双星藻的永久制片（图9-8）

## 2　菌类植物

### 2.1　细菌 Bacteriophyta

属于原核生物，是单细胞植物。取细菌三型制片，置低倍显微镜下观

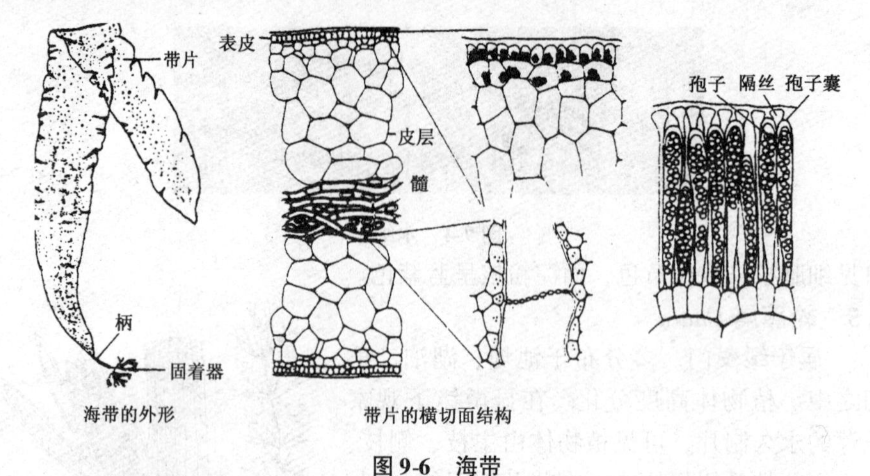


图 9-6　海带

（引自杨继《植物生物学实验》）

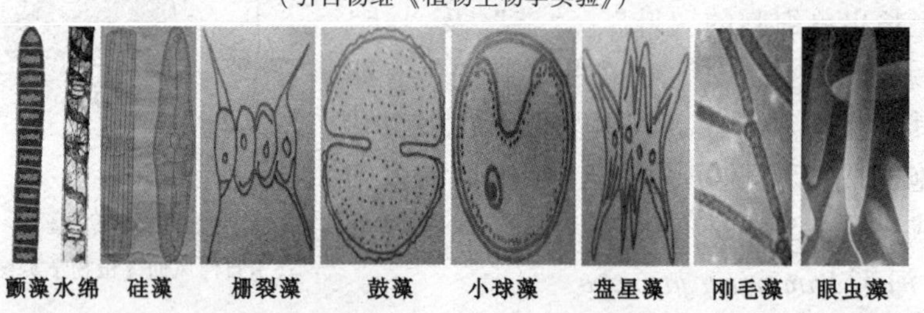


图 9-7　各种藻类

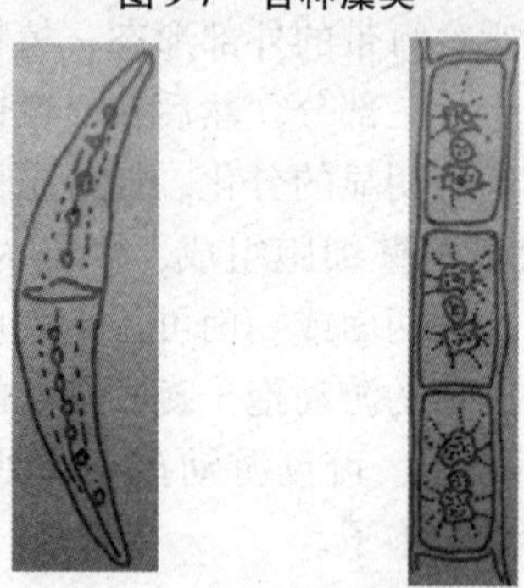

图 9-8　新月藻　双星藻

察，看到目的物后再换高倍镜观察。可见细菌有三种主要形态：球状、杆状、螺旋状，据此称为球菌、杆菌、螺旋菌（图 9-9）。三类之间有过渡类型，如弧菌。有时会因环境不同或生活史中发育阶段不同而有变化。还可看到细胞内无细胞核的分化，因此细菌属于原核生物。

## 2.2　黑根霉 *Rhizopus nigricans*

属于藻状菌纲 Phycomyceta，常生长在馒头、面包和其他粮食制品上。

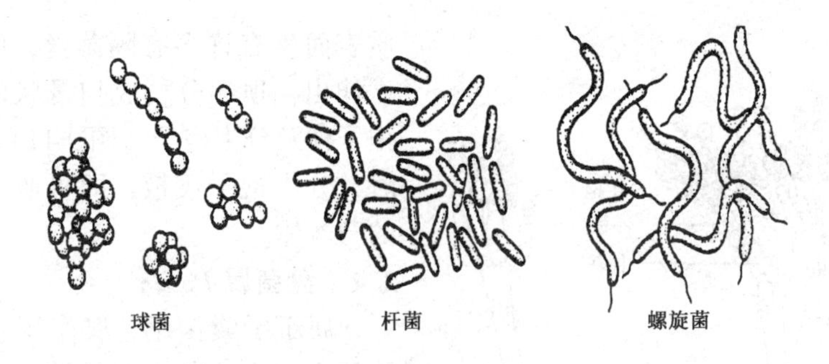


图9-9 细菌三型

（引自杨继《植物生物学实验》）

先用放大镜观察霉烂馒头上的黑根霉，可见白色菌丝体上生出一些黑粒状的孢子囊。再用解剖针挑取少许黑根霉于载玻片上，在显微镜下观察。或者取黑根霉永久装片置显微镜下观察，可见菌丝体分为假根、匍匐枝、孢子囊梗、孢子囊等部分。孢子囊内具有很多黑色孢子。整个菌丝体除孢子囊外都无横隔（图9-10）。

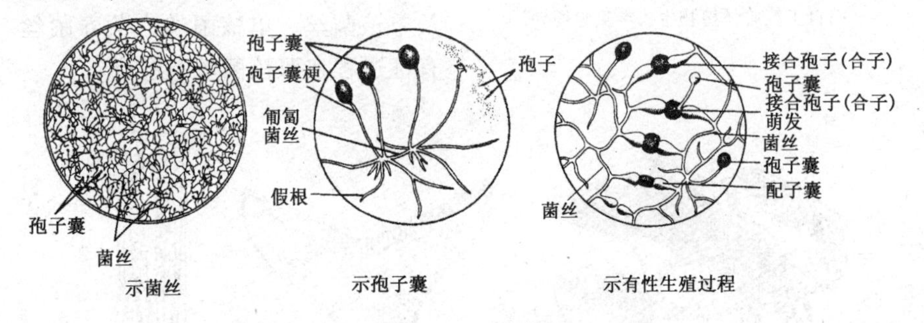


图9-10 黑根霉

（引自杨继《植物生物学实验》）

黑根霉必须在两种不同性的菌丝相遇时才能进行有性生殖。在异性菌丝接触处产生短枝，两短枝的顶端膨大，产生横壁，使短枝与菌丝隔开，顶端形成配子囊，横壁下部是配子囊柄。两个配子囊成熟后，它们之间接触的壁溶解，使原生质体融合为一体，形成合子。不久它的外壁加厚，合子休眠后，经过减数分裂，开始萌发，破厚壁长出一直立不分枝的菌丝，顶端形成一孢子囊，孢子囊里产生孢子，由孢子再发育新的个体。

## 2.3 青霉属 *Penicillium*

属于子囊菌纲 Ascomycetes。营腐生生活。常生长在腐烂的水果、蔬菜、肉类、皮革制品等潮湿的有机物上。先用放大镜观察橘皮上生长的青霉，可见菌丝体幼嫩部分为白色，产生孢子后呈灰绿色。再用解剖针或镊子，刮取少许青霉，制成临时装片，或取青霉菌永久制片，置显微镜下观察，可见基质表面生有许多有隔菌丝，菌丝直立伸出，顶端分枝成扫帚状的分生孢子梗及分生孢子（图9-11）。成熟时，分生孢子飞散，即可萌发成新的菌丝体。

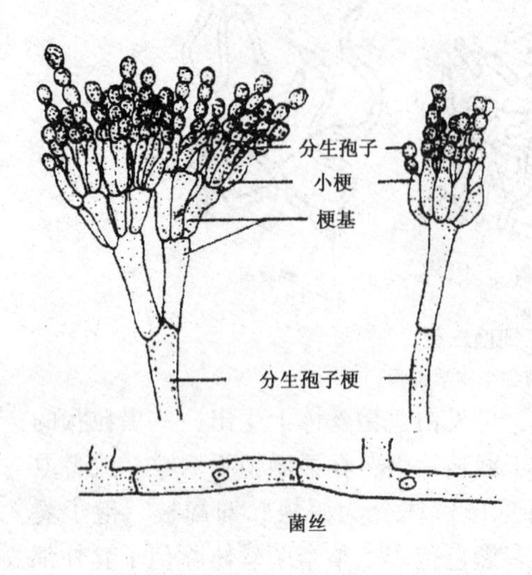


图9-11 青霉

（引自王英典《植物生物学实验指导》）

## 2.4 盘菌属 *Peziza*

属于子囊菌纲，腐生于空旷处的肥土地上或林中，是最常见的腐生菌。取盘菌永久制片在显微镜下观察，可见其子囊果呈盘状——子囊盘，上面有由子囊及不育性隔丝组成的子实层。成熟的子囊中有子囊孢子（一般为8个）和原生质（图9-12）。在子实层下有双核菌丝及单核菌丝。单核菌丝为营养菌丝。有性过程在双核菌丝中进行。

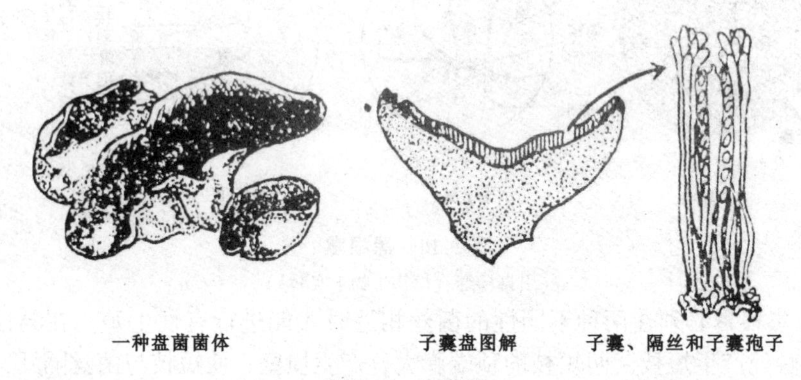


图9-12 盘菌属

## 2.5 蘑菇属 *Psalliota*

属于担子菌纲 Basidiomycetes，是一类腐生菌，常腐生于枯树、朽木、草地及富含有机物的土地上。许多种类人工栽培供食用。植物体称作子实体。先观察蘑菇的外形，子实体可分为菌盖、菌柄两部分。在菌盖下有菌褶，菌褶两侧生有子实层。菌柄上生有菌环。在显微镜下观察菌褶的纵切片，可见疏松菌丝组成的菌褶两侧有平行排列的菌丝，即子实层，子实层由担子组成，担子之间有侧丝（不育菌丝）相分隔。每个担子有4个小的担子梗，担子梗上着生担孢子（图9-13）。担孢子成熟脱落，在适宜的条件下

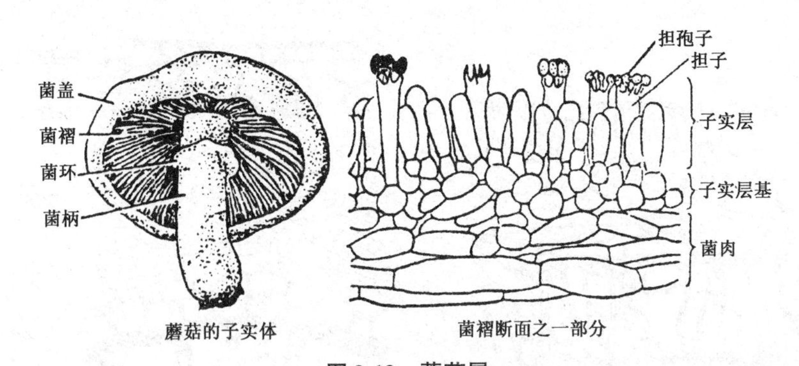


**图 9-13　蘑菇属**

（引自邱安经《植物学实验指导》）

萌发形成新的菌丝。

## 3　地衣

地衣是藻类植物和菌类植物组成的共生体。藻类植物多为蓝藻和绿藻，菌类多为子囊菌纲植物。地衣分布很广，常生长在岩石、树皮、林地及沙地上。先观察茶渍、梅衣、松萝、树花等地衣植物标本，从外形上看，地衣可分为壳状地衣、叶状地衣、枝状地衣（图 9-14）。再取地衣横切制片在显微镜下观察，可见地衣分为异层地衣和同层地衣。异层地衣可分为上皮层、藻胞层、髓、下皮层四层（图 9-15）。在高倍镜下可见上皮层与下皮层均由紧密交织的菌丝组成。这种菌丝很像薄壁组织，执行保护机能，藻胞层内可见藻类的球形绿色细胞，行同化作用。髓层内菌丝疏松，胞间隙较大，其间充满空气。而同层地衣则菌丝和藻细胞混合在一起，没有明显层次。

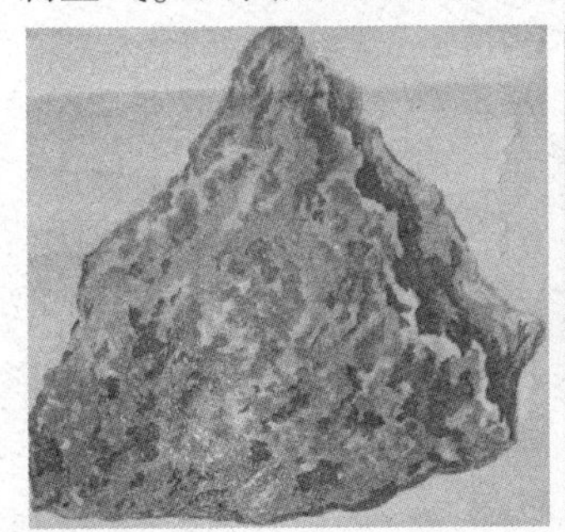
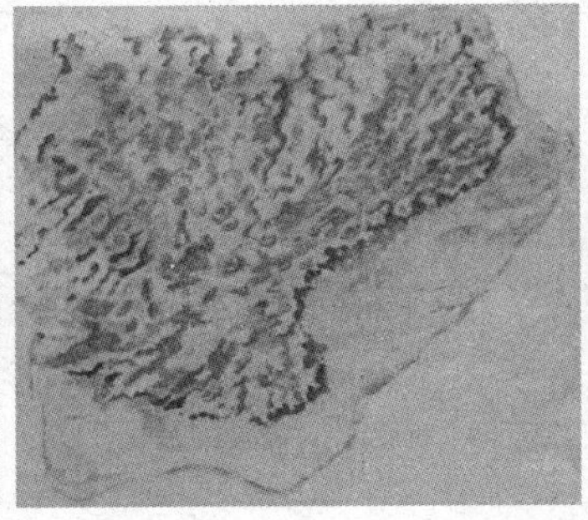

**图 9-14　地衣**

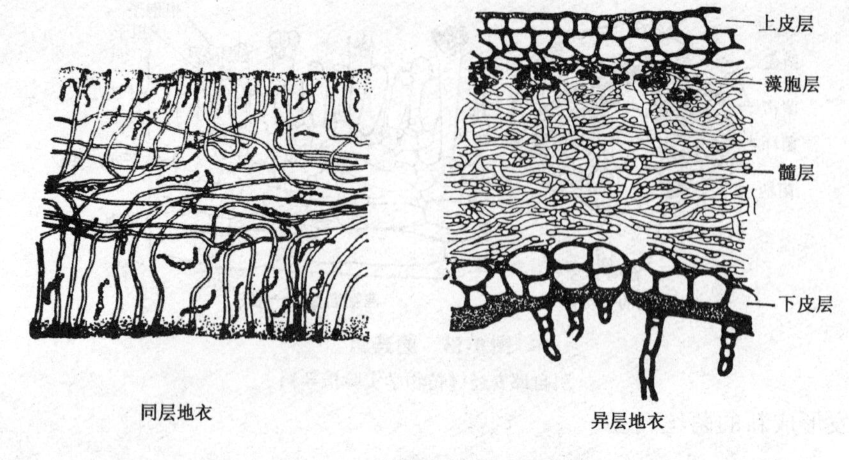


**图 9-15 叶状地衣横切面构造**

## 【思考题】

1. 以实验中的植物为代表，说明什么是原核生物？
2. 以海带为例，解释世代交替现象。
3. 藻类植物的主要特点是什么？
4. 菌类植物的主要特点是什么？分哪几个纲？它们之间最主要的区别是什么？
5. 地衣是一类什么样的植物？什么是同层地衣和异层地衣？

# 实验 10

# 苔藓植物和蕨类植物

苔藓植物 Bryophyta 和蕨类植物 Pteridophyta 属于高等植物。苔藓植物较为原始，植物体矮小，结构简单，在生活史中，配子体占优势，孢子体寄生在配子体上。蕨类植物有明显的世代交替现象，孢子体占优势，孢子体有根、茎、叶的分化和维管束系统，配子体是简单微小的叶状体。苔藓植物和蕨类植物大多生活在潮湿环境中。

## 【实验目的与要求】

（1）了解苔藓植物的形态结构特征及苔纲和藓纲的主要区别。

（2）了解蕨类植物的形态结构特征和生活史。

## 【实验材料与用品】

（1）永久制片：地钱 *Marchantia polymorpha* L. 雄托及雌托纵切制片；葫芦藓 *Funaria hygrometrica* Sibth. 雄苞、雌苞纵切制片；葫芦藓孢蒴纵切制片；蕨叶横切制片及蕨原叶体装片等。

（2）生活的地钱、葫芦藓、蕨类植物的植物体和干制标本。

（3）实验用具：显微镜、解剖镜、培养皿。

## 【实验内容】

## 1 苔藓植物

苔藓植物分为两个纲，苔纲 Hepaticae 和藓纲 Musci，苔纲的代表植物是地钱，藓纲的代表植物是葫芦藓。

### 1.1 地钱

首先在解剖镜下观察地钱（图 10-1）新鲜标本，可见地钱为绿色扁平的叶状体，二叉分枝。叶状体背面（上表面）着生圆形的杯状体，称作胞芽杯，内生胞芽。地钱雌雄异株，叶状体背面分别着生雄托和雌托，雄托如一只托盘，边缘波状，内生卵圆形的精子器。雌托伞状，边缘放射状，腹面（下表面）着生颈卵器。

在显微镜下观察地钱雄托及雌托纵切制片，可见雄托呈托盘状，下具一短柄，托盘外具假根及鳞片，内陷生着许多卵圆形的精子器。精子器有一短柄，内生许多游动精子，游动精子具有二根等长的鞭毛。雌托的腹面倒悬着几个花瓶状的颈卵器，外面是由一层细胞组成的颈壁，颈部具有一串颈沟细胞，腹部靠近颈部的细胞为腹沟细胞，靠内的为体积较大的卵细胞。精子器中的精子借助于水游至颈卵器，与卵进行受精作用。

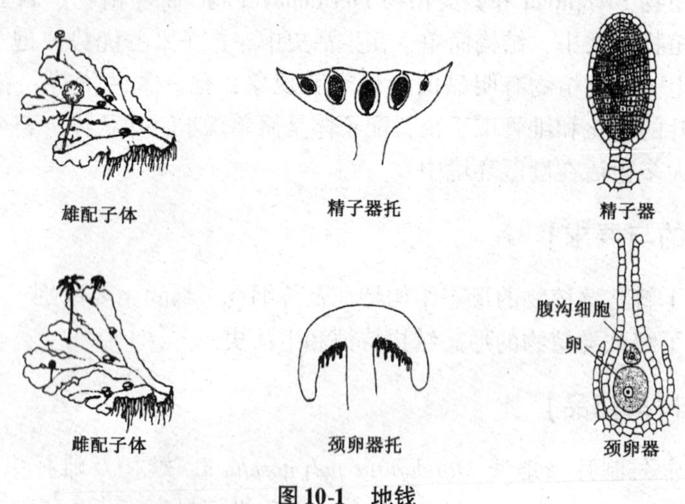


**图 10-1 地钱**

（引自杨继《植物生物学实验》）

### 1.2 葫芦藓

在解剖镜下观察葫芦藓（图 10-2）的新鲜标本，所见到的植物体是它的配子体。植物体体形矮小，但有分枝，具“茎”和“叶”和假根。在茎的顶端为伸长的孢子体，由膨大的孢蒴、细长的蒴柄及基足三部分组成。基足伸入配子体组织中吸取营养和水分。在孢蒴内产生孢子，成熟时蒴帽脱落，孢子散出，萌发长成新的配子体。葫芦藓雌雄同株，但异枝，雄苞和雌苞分别长在不同的枝顶。雄苞内丛生精子器，而雌苞内丛生颈卵器。

取葫芦藓的雄苞和雌苞纵切制片在显微镜下观察。可见雄苞周围生有叶片，精子器丛生其中，精子器呈棒状，下具短柄，周围生有隔丝。精子器的壁由一层细胞组成，里面生有螺旋状弯曲的、具二根鞭毛的游动精子。雌苞周围也密生叶片，颈卵器花瓶状，丛生其中，之间具有隔丝。雌雄生殖器官成熟后，游动精子借助于水游至颈卵器，与卵细胞结合形成合子，合子进一步发育为胚，胚继续生长为孢子体。

成合子，合子在颈卵器内进一步发育为胚，胚吸取原叶体的营养，继续生长为能独立生活的孢子体。

图 10-3 蕨的孢子体

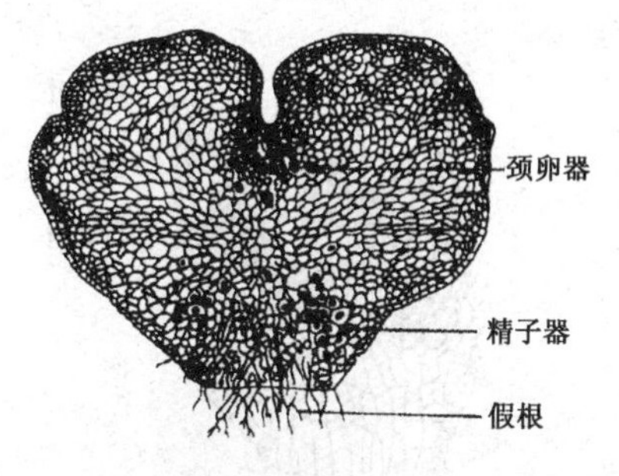


图 10-4 蕨的配子体

## 【思考题】

1. 以地钱和葫芦藓为例，说明苔纲和藓纲的区别。
2. 在生活史中，苔藓植物和蕨类植物有何主要区别？

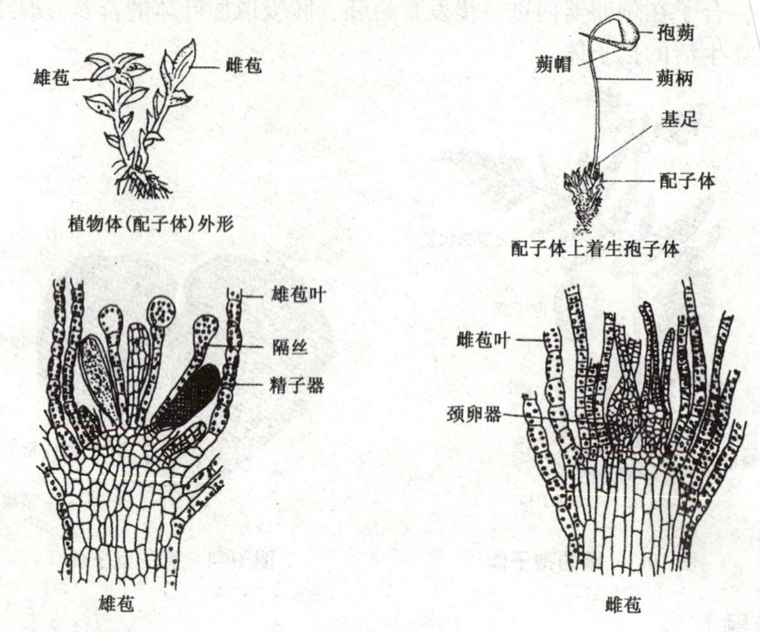


图10-2　葫芦藓

（引自何凤仙《植物学实验》）

## 2　蕨类植物

蕨类植物孢子体占优势，先用肉眼观察蕨属 *Pteridium* 植物外形，它的孢子体较大，有根、根状茎和叶。根状茎较小，横走。叶自根状茎上伸出，具长柄，为大型羽状复叶。叶背面边缘处密生褐色的孢子囊群（图10-3）。

取蕨属植物孢子叶横切制片在显微镜下观察，可见叶片分上下表皮。在上下表皮之间为叶肉，叶肉中有维管束。在叶的下表皮，叶脉的两侧有孢子囊群。一个孢子囊群由许多孢子囊构成。孢子囊椭圆形，具长柄。整个孢子囊群外有一个盖状物所保护，称作囊群盖。在高倍镜下观察，可见孢子囊中发育的球形的孢子。孢子成熟后自孢子囊中散发出来，落入土壤中，萌发形成原叶体。

蕨类植物的孢子体和配子体各自独立生活，配子体很小，又称原叶体。在显微镜下观察蕨属植物原叶体装片，先用低倍镜观察，可见原叶体心脏形，绿色，有数个颈卵器生长在凹陷处周围，原叶体下面生有许多假根，假根之中生精子器。再换用高倍镜观察，可见颈卵器瓶状，内生卵细胞。精子器球形，内生许多螺旋形的精子（图10-4）。

当精子器和颈卵器成熟后，精子借助于水游至颈卵器，与卵细胞结合形

实验 11

# 裸子植物分类及检索

裸子植物亚门分为5纲9目12科71属近800种。我国裸子植物资源丰富，有5纲8目11科41属近240多种，其中有不少是孑遗植物，如银杏和水杉等。

苏铁纲 Cycadopsida：我国仅1科1属。特点：常绿木本，大型羽状深裂，叶螺旋排列，雌雄异株，大小孢子叶球顶生，游动精子具有多个鞭毛。

银杏纲 Ginkgopsida：落叶乔木，枝条有长短之分，叶扇形，雌雄异株，精子有多数纤毛。

松柏纲 Coniferopsida：本纲为裸子植物中数目最多、分布最广的类群，其中松柏目约有400余种，隶属4个科，松科、杉科、柏科和南洋杉科。特征：乔木，茎有长短之分，木质部无导管仅有管胞。叶子多针形、鳞形、钻形或线形，单生或成束存在；孢子叶常排列成球果状；种鳞与苞鳞离生或半合生。精子常无鞭毛。

红豆杉纲 Taxopsida：本纲3科14属162种。我国3科7属33种。包括罗汉松科、三尖杉科和红豆杉科。特征：叶线形、披针形、鳞形。不形成球果。胚珠生于盘状或漏斗状的珠托上，或包于杯状或囊状的套被中，种子具有肉质的假种皮。其中珠托或套被均是大孢子叶特化形成的。

买麻藤纲 Gnetopsida：又称盖子植物纲 Chlamydospermopsida，有3目3科3属约80种，我国有2目2科2属约19种。包括麻黄科（草麻黄和木贼麻黄）、买麻藤科（百岁兰目百岁兰科，生长在非洲西南的海岸沙漠地带）。

## 【实验目的与要求】

（1）了解裸子植物的主要形态结构特征及5个纲的主要区别。

（2）了解松科中几个重要属的区别。

（3）掌握松属几个常见种的重要形态特征。

## 【实验材料与用品】

（1）银杏 *Ginkgo biloba* L.、侧柏 *Platycladus orientalis*（L.）Franco.、

油松 *Pinus tabulaeformis* Carr. 的新鲜枝条。

（2）永久制片：油松或白皮松 *Pinus bungeana* Zucc. ex. Endl. 小孢子叶球（“雄球花”）、大孢子叶球（“雌球花”）的纵切制片。

（3）苏铁 *Cycas revoluta* Thunb.、水杉 *Metasequoia glyptostroboides* Hu et Cheng、银杉 *Cathaya argyrophylla* Chun et kuang、杉木 *Cunninghamia lanceolata*（Lamb）Hook.、马尾松 *Pinus massoniana* Lamb.、红豆杉 *Taxus* sp.、云杉 *Picea* sp.、红松 *Pinus koraiensis* Sieb. et Zucc、草麻黄 *Ephedra sinica* Stapf. 等重要裸子植物的腊叶标本和浸制标本。

（4）实验用具：显微镜、解剖镜。

## 【实验内容】

### 1　银杏

取银杏（图 11-1）的新鲜枝条和蜡叶标本进行观察。银杏为落叶乔木，有长短枝之分。单叶扇形，先端二裂；叶脉细，二叉状；叶在长枝上互生，在短枝上簇生。雌雄异株。小孢子叶球（雄球花）柔荑花序状，生长在雄株短枝的顶端，大孢子叶球（雌球花）具长柄，着生在雌株短枝的顶端；种子核果状。为我国特有园林树种，著名孑遗植物。

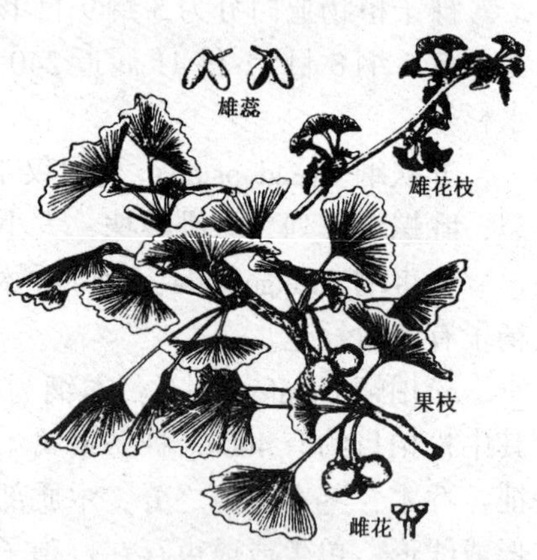


图 11-1　银杏

### 2　侧柏

观察侧柏（图 11-2）的新鲜枝条。

侧柏为柏科 Cupressaceae 常绿乔木。树皮纵长裂，条片状剥落。小枝扁平，叶鳞形，交互对生，在小枝上排成一平面，无上下面区别。侧柏雌雄同株，雄球花长卵形，雌球花卵圆形，被白粉，均单生于小枝顶端。侧柏为我国特产用材树种。适应性强，耐干旱，在我国分布广泛。园林中常见的还有圆柏（桧柏）*Sabina chinensis*（L.）Ant.、刺柏

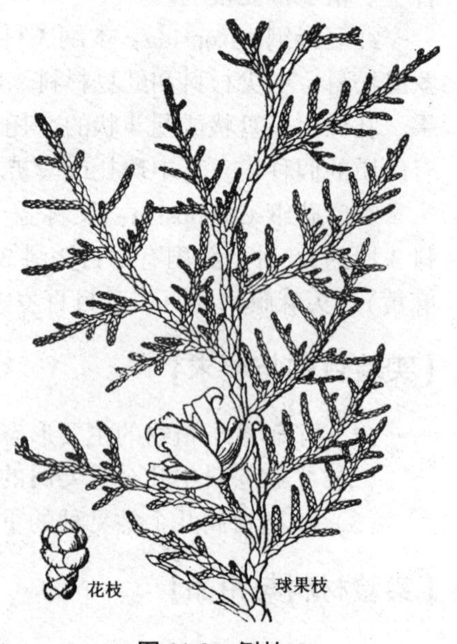


图 11-2　侧柏

*Luniperus formosana* Hayata 等。

## 3　油松

### 3.1　观察油松的新鲜枝条

油松（图 11-3）为松柏纲松科 Pinaceae 常绿乔木。树皮灰褐色，裂成不规则的鳞状块片。叶常 2 针一束。小孢子叶球（雄球花）长圆形，黄褐色，生于当年生枝条基部；大孢子叶球（雌球花）椭圆形球果状，幼时浅红，以后变绿，生于当年生枝条顶端。

图 11-3　油松

油松适应性强，喜光，耐寒冷、干旱、瘠薄，主要分布在我国北方，是重要用材及造林树种。

### 3.2　在显微镜下观察油松大、小孢子叶球纵切制片

小孢子叶球（雄球花），可见许多小孢子叶螺旋排列在一个中轴上，小孢子叶上表面基部着生着两个小孢子囊（花粉囊），内产生花粉。

大孢子叶球（雌球花），可见许多大孢子叶螺旋排列在一个长轴上，大孢子叶又称珠鳞，下面有一个不育的膜质的苞片。上表面靠近基部并列着两个大孢子囊，大孢子囊又称胚珠，由珠被、珠心及珠孔构成。

## 4　其他代表树种

在校园内实地观察以下裸子植物中的重要代表种类，或根据情况在室内观察蜡叶标本、液浸标本。

### 4.1　苏铁（铁树）

属于苏铁纲苏铁科 Cycadaceae，为常见园林常绿观赏植物，茎干不分枝，顶端簇生大型的羽状复叶，大、小孢子叶球生长在不同植株上。

### 4.2　水杉

水杉（图 11-4）属于松柏纲杉科。落叶乔木。树干端直，基部常膨大。树皮灰褐色，树冠圆锥状，小枝下垂。叶条形，扁平。20 世纪 40 年代发现的植物活化石，国家一级保护植物。

### 4.3　银杉

属于松科，常绿大乔木，枝平列，小枝有毛。叶下面有两条白色气孔

带，故名银杉；叶两型，着生于长枝上的放射状散生，短枝上的轮生，线形。球果长椭圆状卵形。分布于广西、四川部分地区。20 世纪 50 年代发现的植物活化石，国家一级保护植物。

### 4.4 杉木（杉树）

杉木（图 11-5）属于杉科 Taxodiaceae，常绿乔木。叶线状披针形，坚硬，边缘有细锯齿，基部扭转成 2 列。雌雄同株，但不同枝。球果圆卵形。杉木是我国重要的用材树种。

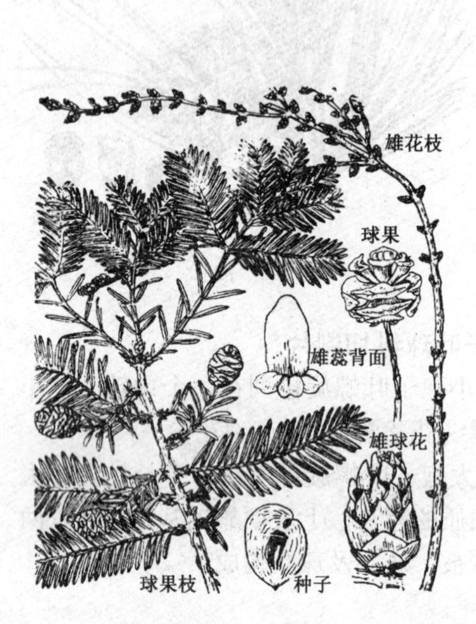


图 11-4 水杉

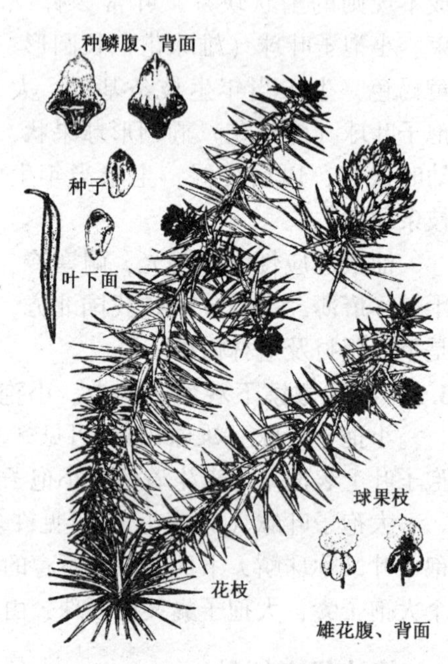


图 11-5 杉木

### 4.5 马尾松

属于松科，常绿乔木。分长枝和短枝，长枝着生鳞片叶，短枝着生长针叶，2 针或 3 针一束。球果圆锥状卵形，成熟时栗褐色。为我国南方荒山造林先锋树种。

### 4.6 红松

属于松科，常绿乔木。小枝有绒毛。叶 5 针一束，粗硬。球果卵状圆锥形；种鳞先端向外反曲；种子大，无翅。分布于东北长白山到小兴安岭。我国东北重要造林及用材树种。

### 4.7 云杉

为松科云杉属植物的泛称。常绿乔木，小枝有显著叶枕。叶锥形或线形，无柄。球果单生枝顶，下垂。是我国重要的造林、用材、绿化树种。国外圣诞树多用此属植物。常见种类有青杄 *Picea wilsonii* Mast.、白杄 *P. meyeri* Eehd. et Wils. 等。

### 4.8　雪松

属于松科，常绿大乔木。侧枝横展，轮生，小枝下垂。叶短针形，硬而尖锐，在长枝上散生，在短枝上多枚簇生。雌雄同株或异株。球果椭圆形，种子具翅。原产喜马拉雅山，为我国著名风景园林树种。

### 4.9　红豆杉

为红豆杉属植物的泛称，属红豆杉科。常绿乔木。叶条形，螺旋状排列。雌雄异株。球花单生。种子如豆，下有红色杯状肉质的假种皮，故名。主要种类有分布于我国西南的红豆杉 *Taxus chinensis*（Pilg.）Rehd. 和东北的紫杉 *T. cuspidata* Sieb. et Zucc.（又称东北红豆杉）。该属植物树干及枝叶可提炼紫杉醇，治疗糖尿病，是我国重要的药用植物及园林树种。

### 4.10　草麻黄

草麻黄（图 11-6）属盖子植物纲 Chlamidospermopsoda 麻黄科 Ephedraceae。小灌木或亚灌木。枝丛生，圆桶形，有明显的节和纵条纹。叶鳞片形，在节上对生成鞘状。花单性，卵形穗状花序。种子藏于肉质苞片内。分布于我国北方，茎枝含有麻黄碱，有平喘止咳之功效，为重要药用植物。

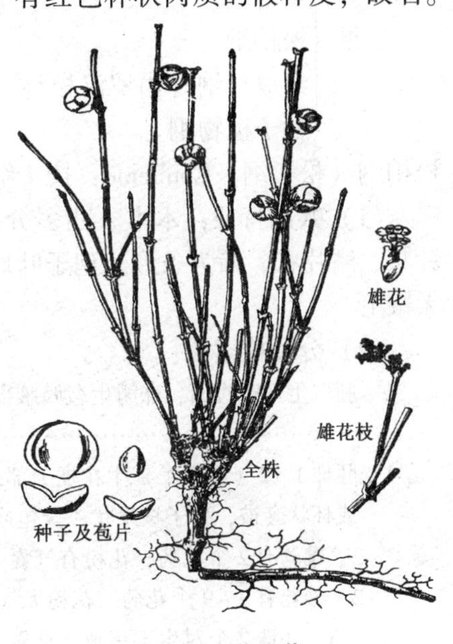


图 11-6　草麻黄

## 5　裸子植物分科检索

现代裸子植物亚门分为 4 纲 9 目 12 科，我国有 4 纲 8 目 11 科。

4 个纲
- 苏铁纲、银杏纲、松柏纲：无假花被，次生木质部只有管胞。
- 盖子植物纲　具假花被，珠被顶端形成细长的珠被管，次生木质部具导管。

松柏纲{松柏目；罗汉松目、三尖杉目、红豆杉目}
1. 大孢子叶球特化为鳞片状的珠托或套被；
2. 不形成球果；
3. 种子具肉质的假种皮。

故有人认为应将罗汉松目、三尖杉目、红豆杉目从松柏纲中分出另立一纲——红豆杉纲

因此，建议裸子植物分为

5 纲
- 苏铁钢
- 银杏纲
- 松柏纲
- 红豆杉纲（由罗汉松科、三尖杉科、红豆杉科组成）
- 盖子植物纲

松柏纲（松杉纲）Coniferae：按4纲分类有4目、7科

（1）共同特征：木本。茎多分枝，常有长、短枝之分，具树脂道。叶针状、鳞片状，稀为条形。孢子叶球排成球果状或不形成球果，单性。精子无鞭毛。

（2）分目检索表：

1 胚珠生珠鳞腹面，珠鳞生苞鳞腋部。3至多数珠鳞组成雌球花 …………………………………………………………………………… 松杉目 Pinales

1 胚珠1~2（或多个）生花梗上部或顶端苞腋，有辐射对称或近辐射对称的囊状或杯状套被，种子核果状，全包或半包于肉质假种皮内

  2 雄蕊有2个花药，花粉有气囊 ……………………… 罗汉松目 Podocarpales

  2 雄蕊有3~9个花药，花粉无气囊

    3 胚珠2个对生于苞腋，具囊状珠托 ……………… 三尖杉目 Cephalotaxales

    3 胚珠1个生花轴顶端，假种皮全包或半包 …………… 红豆杉目 Taxales

A. 松杉目 Pinales 共4科400余种，我国有3科125种34变种（其中南洋杉科31种）

分科检索：

1 球果的种鳞、苞鳞离生（仅基部稍合生），每种鳞2种子，叶基不下延，小孢子叶背部有2个小孢子囊 ………………………………………… Pinaceae 松科

1 球果的种鳞、苞鳞合生或半合生，每种鳞1至多枚种子，叶基下延，小孢子叶背部有2~9个小孢子囊

2 种鳞、叶片均螺旋着生（仅水杉交互对生），每种鳞2~9枚种子 …………………………………………………………………… Taxodiaceae 杉科

2　种鳞、叶片多交叉对生或轮生，每种鳞1至多枚种子，叶鳞形或刺形 ………… ……………………………………………………… Cupressaceae 柏科

松科 Pinaceae 12属230种，我国10属113种。

分属检索表：

1　叶单生，螺旋排列
　2　球果直立，叶扁平条形，不具叶枕 ……………………………… 冷杉属 *Abies*
　2　球果下垂（熟时），小枝具叶枕，叶四棱或扁四棱 …………… 云杉属 *Picea*
1　叶2或2枚以上簇生
　3　叶针状，2～5枚簇生于短枝成一束，种鳞加厚 …………………… 松属 *Pinus*
　3　叶多数簇生短枝上，种鳞扁平
　　4　叶常绿，果2～3年熟 ……………………………………… 雪松属 *Cedrus*
　　4　叶冬季脱落，果当年成熟 ………………………………… 落叶松属 *Larix*

松属常见种：

| | |
|---|---|
| 油松 *Pinus tabulaeformis* | 2针一束 |
| 白皮松 *Pinus bungeana* | 3针一束 |
| 红松 *Pinus koraiensis* | 5针一束 |
| 华山松 *Pinus armandii* | 5针一束 |

杉科分属：

1　叶和种鳞均为螺旋状排列
　2　叶常绿并革质
　　3　叶条状披针形，长3～6cm，叶缘有锯齿 …………… *Cunninghamia* 杉木属
　　3　叶钻形，长不足2.5cm，叶全缘 ………………………… *Cryptomeria* 柳杉属
　2　落叶，叶条形排成两列 …………………………………… *Taxodium* 落羽杉属
1　叶和种鳞交叉对生，小枝连叶冬季脱落 ………………… *Metasequoia* 水杉属

柏科分属：

1　种鳞木质或革质，熟时张开
　2　种鳞扁平不为盾形，背部有一钩状尖头，种子无翅 ……… *Platycladus* 侧柏属
　2　种鳞盾形，球果二年熟，种子具翅 ……………………………… *Cupressus* 柏木属
1　球果肉质、熟时不开裂或顶端微开
　　3　叶全为刺叶或鳞叶，或同一树上兼有，刺叶基部无关节，球花单生枝顶 ……………………………………………………………… *Sabina* 圆柏属
　　3　叶全为刺形，刺叶基部有关节，球花单生叶腋 ………… *Junipeurs* 刺柏属

## 【思考题】

1. 为什么裸子植物比蕨类植物更适合陆地生活？

2. 说明水杉和银杉在植物分类学中的地位和价值。

3. 苏铁、水杉、银杉、杉木、马尾松、红豆杉、云杉、红松、草麻黄等重要裸子植物各属于哪个纲？哪个科？有何重要经济价值？

4. 松科中常见 5 个属的重要区别是什么？

5. 学习制作以下植物的分类检索表（等距离法）。细菌、猴头菇、蓝藻、绿藻、海带、地钱、葫芦藓、石蕊、鸟巢蕨、银杏、刺柏、侧柏、水杉、油松、白皮松、华山松、落叶松、雪松、青杆、白杆、辽东冷杉、红豆杉、罗汉松、三尖杉、苏铁、玉米、向日葵。

# 实验 12

# 被子植物分类主要形态学基础

## 【实验目的与要求】

（1）了解茎、叶的形态；花的各部分的变化及类型，花序的概念及类型；果实的基本构造及各种类型果实的特征。

（2）掌握有关茎、叶、花、花序及果实的常用形态术语，为鉴定植物打下基础。

（3）学会描述植物茎、叶特征的一般方法；学会使用花程式、花图式及文字描述花的形状特征。

## 【实验材料与用品】

（1）材料：有关茎、叶、花、花序的蜡叶标本、新鲜植物材料及液浸标本；各种果实标本及新鲜材料。

（2）用具：放大镜、解剖刀（或刀片）、解剖针、小镊子等。

## 【实验内容】

对照教材中相关内容认真观察所给的蜡叶标本、新鲜的植物材料及挂图，并解剖观察新鲜的植物材料，了解和掌握下列主要内容：

### 1 茎

根据茎的生长习性分为下列类型（图 12-1）：

（1）直立茎：观察毛白杨 *Populus tomentosa* Carr.、白蜡 *Fraxinus chinensis* Roxb. 或菊花 *Dendranthema morifolium*（Ramat.）Tzvel. 的茎，它们的茎部都是垂直地面向上生长，这种茎叫直立茎。

（2）缠绕茎：观察葎草（拉拉秧）*Humulus scandens*（Lour.）Merr.、裂叶牵牛 *Pharbitis hederacea*（L.）Choisy 或紫藤 *Wisteria sinensis*（Sims.）Sweet 的茎，它们的茎细长而柔弱，须缠绕其他支持物才能上升，这种茎叫

缠绕茎。

（3）攀缘茎：观察爬山虎 *Parthenocissus tricuspidata*（Sieb. et Zucc.）Planch.、葎叶蛇葡萄 *Ampelopsis humulifolia* Bge. 或葡萄 *Vitis vinifera* L. 的茎，它们的茎细长而柔弱，具有攀缘器官（吸盘或卷须）攀缘它物上升，这种茎称为攀缘茎。注意比较缠绕茎与攀缘茎的异同。

（4）匍匐茎：观察狗牙根 *Cynodon dactylon*（L.）Pers.、草莓 *Fragaria ananassa* Duch. 或甘薯 *Ipomoea batatas*（L.）Lam. 的茎，它们的茎纤弱，不能直立，而是匍匐于地面，向四周蔓生，且多数节上能生不定根，这种茎叫匍匐茎。

（5）平卧茎：观察地锦草 *Euphorbia humifusa* Willd. 或蒺藜 *Tribulus terrestris* L. 的茎。它们的茎细长而柔弱，平卧地上，但节上不生长不定根，这种茎叫平卧茎。注意比较匍匐茎与平卧茎的异同。

直立茎　缠绕茎　攀缘茎

匍匐茎　平卧茎

图 12-1　茎的生长习性

## 2　叶

### 2.1　叶序

指叶在茎上排列的方式，常见的有以下几种方式（图 12-2）：

（1）互生：观察榆树 *Ulmus pumila* L.、毛白杨、苹果 *Malus pumila* Mill. 的叶序，可见它们茎的每个节上只生 1 片叶。

（2）对生：观察雪柳 *Fontanesia fortunei* Carr.、丁香 *Syringa* sp.、白蜡的叶序，可见它们茎的每节上相对着生 2 片叶。

（3）轮生：观察楸树 *Catalpa bungei* C. A. Mey.、夹竹桃 *Nerium iudicum* Mill. 的叶序。可见茎的每节上着生 3 片或 3 片以上的叶。

（4）丛生（簇生）：观察银杏 *Ginkgo biloba* L.、落叶松 *Larix* sp. 的叶序，可见 2 片或 2 片以上的叶着生于极度缩短的短枝上。

（5）基生：观察车前 *Plantago asiatica* L.、蒲公英 *Taraxacum mongolicum* Hand. – Mazz. 的叶序，可以看到 2 片以上的叶着生于地表附近的短茎上，常呈莲座状。

图 12-2　叶序

### 2.2　叶形

根据叶片长和宽的比例及最宽处所在部位确定，叶片的形状有阔卵形、圆形、倒阔卵形、卵形、椭圆形、倒卵形、披针形、长椭圆形、倒披针形、线形、剑形等类型（图 12-3）。观察下列植物标本的叶，区别它们的叶形：紫丁香 *Syringa oblata* Lindl.、黄栌 *Cotinus coggygria* Scop. var. *cinerea* Engl.、元宝枫 *Acer truncatum* Bge.、南蛇藤 *Celastrus orbiculatus* Thunb.、苦菜 *Ixeris chinensis*（Thunb.）Nakai、椴树 *Tilia* sp.、旱金莲 *Tropaeolum majus* L.、马蔺 *Iris lactea* Pall. var. *chinensis*（Fisch.）Koidz.、山桃 *Prunus davidiana*（Carr.）Franch.、玉兰 *Magnolia denudata* Desr.、紫荆 *Cercis chinensis* Bge.、黑枣 *Diospyros lotus* L.、刚竹 *Phyllostachys viridis*（Young）McClure、水稻 *Oryza sativa* L.、大麦 *Hordeum vulgare* L. 等。

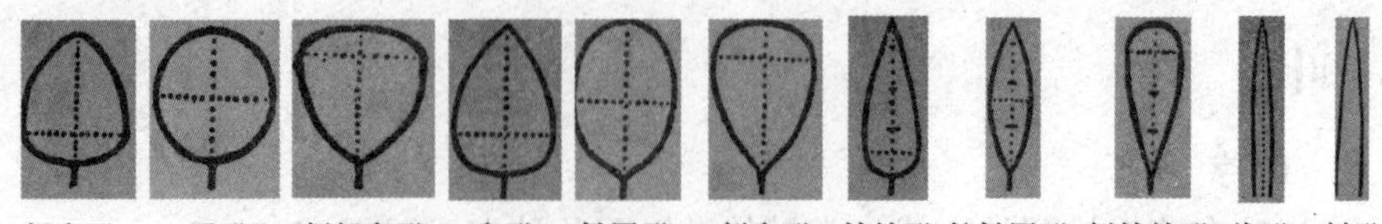


图 12-3 叶型的基本类型

（引自曹慧娟《植物学》）

## 2.3 叶尖

常见的类型有急尖、渐尖、尾尖、突尖、具短尖、浑圆、钝形、微凹、微缺、平截等（图 12-4）。观察下列植物标本的叶，区别它们叶尖的类型：山桃、大叶黄杨 *Euonymus japonicus* Thunb.、明开夜合 *Euonymus bungeanus* Maxim.、鹅掌楸（马褂木）*Liriodendron chinense*（Hemsl.）Sarg.、胡枝子 *Lespedeza* sp.、梅 *Prunus mume*（Sieb.）Sieb. et Zucc.、玉兰、女贞 *Ligustrum lucidum* Ait. 等。

图 12-4 叶尖的形态

## 2.4 叶基

常见的类型有心形、耳垂形、楔形、下延、偏斜、箭形、圆形、截形、戟形、盾状、穿茎、抱茎等（图 12-5）。观察下列植物标本的叶，区别它们叶基的类型：紫荆、元宝枫、茶条槭 *Acer ginnala* Maxim.、榆树、垂柳 *Salix babylonica* L.、慈姑 *Sagittaria trifolia* var. Sinensis（Sims）Makino、打碗花 *Calystegia hederacea* Wall. ex Roxb. 等。

图 12-5　叶基的形态

## 2.5　叶缘

叶片的边缘包括全缘、波状、锯齿、重锯齿、齿状、钝锯齿、具芒等类型（图 12-6），观察下列植物标本的叶，区别它们叶缘的类型：山桃、栓皮栎 *Quercus variabilis* Bl.、槲栎 *Quercus aliena* Bl.、蒲公英、榆树、大叶黄杨、丁香等。

图 12-6　叶缘的形状

## 2.6　叶裂

根据叶片分裂程度和裂片排列方式，叶裂类型有浅裂、深裂、全裂、羽状裂、掌状裂等（图 12-7）。观察下列植物标本的叶，区别它们叶裂的类型：木槿 *Hibiscus syriacus* L.、裂叶牵牛、葎草、乌头叶蛇葡萄 *Ampelopsis aconitifolia* Bge.、栝楼 *Trichosanthes kirilowii* Maxim.、大麻 *Cannabis sativa* L.、二月蓝 *Orychophragmus violaceus*（L.）O. E. Schulz 等。

## 2.7　叶脉

常见的脉序有羽状网脉、掌状网脉、直出平行脉、横出平行脉、弧形

图 12-7　叶裂的类型

脉、射出脉等类型。观察下列植物标本的叶脉（图 12-8），区别它们叶脉的类型：元宝枫、榆树、鸭跖草 *Commelina communis* L.、紫萼 *Hosta ventricosa* (Salisb.) Stearn.、芭蕉 *Musa basijoo* Sieb. et Zucc.、蒲葵 *Livistona chinensis* R. Br.、竹 *Phyllostachys* sp. 等。

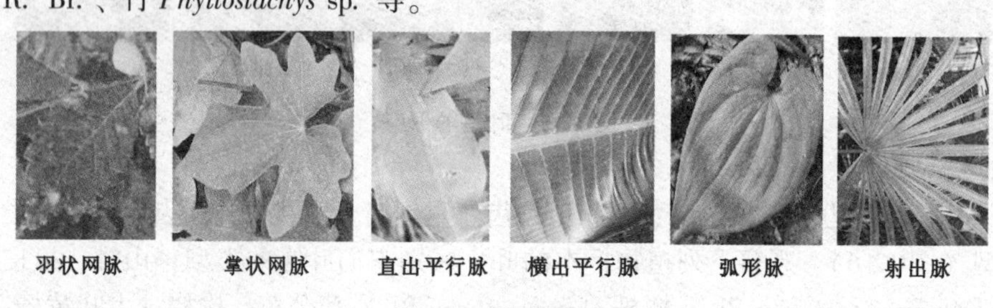


图 12-8　各种叶脉

## 2.8　单叶和复叶

（1）单叶：观察毛白杨、苹果、梨的叶，它们具有 1 枚叶片，称为单叶（图 12-9）。

（2）复叶：具 1 叶轴及多数小叶片的叶叫复叶。根据小叶片的数目与排列方式可分下列不同类型（图 12-9）：

①单身复叶：观察柑橘属 *Citrus* L. 的叶。可见其叶含有 3 小叶，2 片侧生小叶退化，只有顶端一个小叶发育成熟，总叶柄与顶生小叶连接处有关节。

②三出复叶：观察绿豆 *Phaseolus radiatus* L.、胡枝子属 *Lespedeza* Michx. 的叶。可见小叶 3 片着生在总叶柄顶端。

③掌状复叶：观察七叶树 *Aesculus chinensis* Bge. 的叶。可见小叶 5 片以上，着生在总叶柄顶端，排成掌状。

④羽状复叶：小叶在叶轴两侧排成羽毛状，根据叶轴分枝的情况又分以下几种类型：

一回奇数羽状复叶：观察刺槐 *Robinia pseudoacacia* L. 的叶。可见叶轴不分枝，小叶直接着生在叶轴上，顶端生有一顶生小叶，小叶数目为单数。

图12-9　单叶和各种复叶

一回偶数羽状复叶：观察皂荚 *Gleditsia sinensis* Lam. 的叶。可见叶轴不分枝，小叶直接着生在叶轴上，顶端生有二顶生小叶，小叶数目为双数。

二回奇数羽状复叶：观察栾树 *Koelreuteria paniculata* Laxm. 的叶。可见叶轴分枝一次，各分枝两侧着生小叶，顶端生有一顶生小叶。

二回偶数羽状复叶：观察合欢 *Albizzia julibrissin* Durazz. 的叶。可见叶轴分枝一次，各分枝两侧着生小叶，顶端生有二顶生小叶。

三回羽状复叶：观察南天竹 *Nandina domestica* Thunb.、楝 *Melia azedarach* L. 的叶。可见叶轴分枝两次，各分枝两侧再着生小叶。

## 3　花

### 3.1　花的各部分的变化类型：

解剖观察桃 *Prunus persica* Batsch.、梨 *Pyrus* sp.、刺槐、益母草 *Leonurus japonicus* Houtt.、牵牛 *Pharbitis* sp.、杨 *Populus* sp.、柳 *Salix* sp.、桑 *Morus* sp.、榆 *Ulmus* sp.、铁线莲 *Clematis* sp. 的花，由外向内逐层剥去，注意每层的变化，剥花瓣时，注意它们的排列方式，区别以下几点：

（1）花被在芽中的排列方式：镊合状，如铁线莲；旋转状，如牵牛；覆瓦状，如桃、梨。

（2）两被花、单被花与无被花：两被花具花萼和花冠，如桃、梨、刺槐、益母草的花；单被花仅具花萼或仅具花冠，如桑、榆、铁线莲的花；无被花是没有花萼和花冠的花，如杨、柳的花。

（3）离瓣花与合瓣花：离瓣花的花瓣彼此分离，如桃、梨、刺槐的花；合瓣花的花瓣相互连合，如益母草、牵牛的花。

（4）两性花与单性花：两性花具有雄蕊和雌蕊，如桃、梨、刺槐的花；单性花仅具雌蕊（称为雌花）或仅具雄蕊（称为雄花），如杨、柳、核桃的花。

（5）整齐花与不整齐花：花被片的形状、大小相似，通过花的中心可以作出多个对称面的称为整齐花或称辐射对称花，如桃、梨、牵牛的花；花被片的形状、大小不同，通过花的中心只能作出一个对称面的称为不整齐花或称两侧对称花，如刺槐、益母草的花。

（6）完全花与不完全花：完全花具花萼、花冠、雄蕊和雌蕊，如桃、梨、牵牛的花；缺少其中任何一部分者为不完全花，如杨、柳、榆的花。

## 3.2 花冠的类型

花冠的类型很多，常见的有以下几种（图 12-10）：

（1）蔷薇型花冠：观察桃花或梨花的花冠，可见其由 5 片大小相近且分离的花瓣排列成辐射状。

（2）十字形花冠：观察二月蓝、荠菜 *Capsella bursa-pastoris*（L.）Medic. 或油菜 *Brassica chinensis* L. 的花，可见其花冠由 4 个分离的花瓣排列成十字形。

（3）漏斗状花冠：观察牵牛、打碗花 *Calystegia* sp. 的花，可见花冠是由几片花瓣愈合而成，花冠下部呈筒状，并由基部逐渐向上扩展，整个花冠形如漏斗。

（4）钟状花冠：取沙参 *Adenophora* sp.、南瓜 *Cucurbita moschata*（Duch.）Poir. 的花观察，可见其花冠筒宽且短，上部扩大成钟状。

（5）蝶形花冠：观察刺槐、紫藤的花。可见其花瓣 5 片，排列成蝶形，最上一瓣最大叫旗瓣，两侧的两瓣叫翼瓣，为旗瓣所覆盖，较旗瓣小，最下两瓣位于翼瓣之间，且顶端合生的为龙骨瓣。如果在组成花冠的 5 片花瓣中，龙骨瓣最大，旗瓣最小，该类花冠则为假蝶形花冠，如紫荆。

（6）唇形花冠：观察益母草、夏至草 *Lagopsis supina*（Steph.）IK.-Gal. ex Knorr. 的花冠。可见其基部连合成筒状，顶端分离成二唇形，通常上唇为二裂，下唇为三裂。

（7）管状花冠：观察泥胡菜 *Hemistepta lyrata* Bge.、刺儿菜 *Cirsium seto*-

*sum* (Willd.) Bieb. 的花，可见花冠大部分成一管状或筒状，上部分离成裂片。

(8) 舌状花冠：从蒲公英或苦荬菜属 *Ixeris* Cass. 植物的头状花序中取一朵花观察。可见其花冠管短，花冠上部平展成舌状。

**图12-10 花冠的类型**

### 3.3 雄蕊（群）的类型（图12-11）：

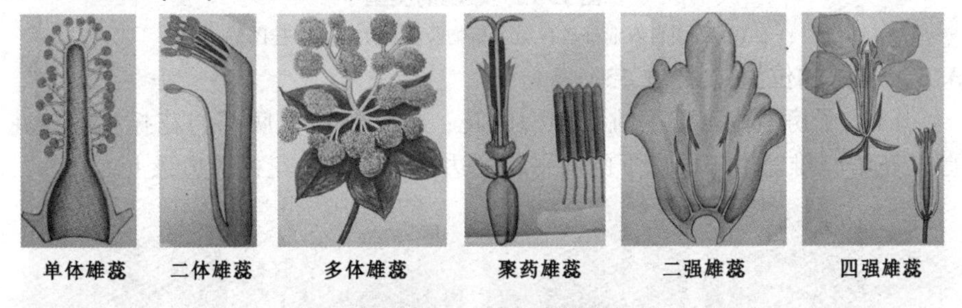


**图12-11 雄蕊的类型**

（引自农业部教育局主编《植物及植物生理教学挂图》）

(1) 离生雄蕊：观察桃、梨的雄蕊，可见雄蕊的花丝、花药全部分离。

(2) 单体雄蕊：观察木槿的雄蕊，可见雄蕊的花丝基部连合成一体，形成一管状结构包在花柱外侧，花丝上部及花药则彼此分离。

(3) 二体雄蕊：观察刺槐的雄蕊，可见花丝连合成两组（数目相等或不等）。

(4) 多体雄蕊：观察蓖麻 *Ricinus communis* L.、金丝桃 *Hypericum chinese*

L. 的雄蕊，可见花丝连合成多束。

（5）聚药雄蕊：观察菊科植物的雄蕊，可见花丝分离、花药合生。

（6）二强雄蕊：观察益母草的雄蕊，可见花中雄蕊4枚，二长二短。

（7）四强雄蕊：观察十字花科植物的雄蕊，可见雄蕊6枚，四长二短。

### 3.4 雌蕊（群）的类型（图12-12）：

（1）单雌蕊：花中具一个由一心皮构成的雌蕊，观察桃、刺槐的雌蕊，并将子房横切开，观察心皮数及心室数。

（2）复雌蕊：花中具一个由两个以上心皮构成的雌蕊，观察丁香 *Syringa* sp.、梨的雌蕊，并横切子房，注意有几个心皮、几室。

（3）离心皮雌蕊：一朵花中具有多数离生的单雌蕊。观察芍药 *Paeonia lactiflora* Pall.、黄刺玫 *Rosa xanthina* Lindl. 的雌蕊。

单雌蕊

复雌蕊

离心皮雌蕊

**图12-12 雌蕊的类型**

（部分引自农业部教育局《植物及植物生理教学挂图》）

### 3.5 子房的位置（图12-13）

（1）子房上位：观察桃、刺槐的花；可见子房仅底部与花托相连，花萼、花瓣、雄蕊生于子房下的扁平花托边缘上或杯状花托的边缘上。

上位子房下位花

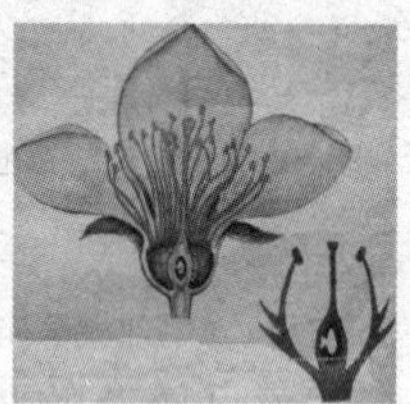

上位子房周位花

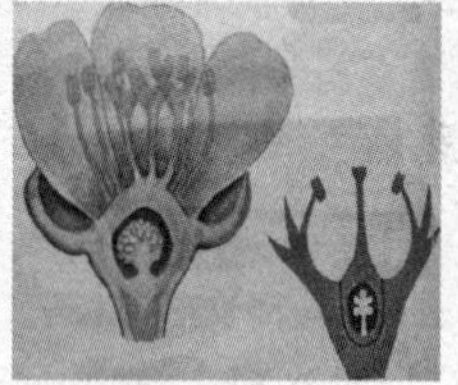

半下位子房周位花

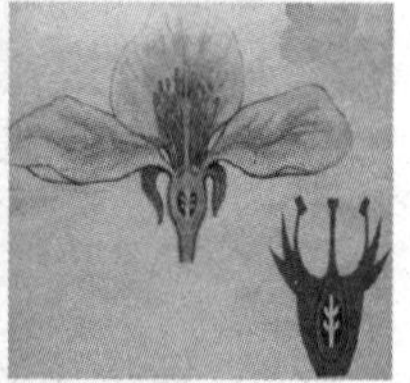

下位子房上位花

**图12-13 子房位置的类型**

（引自农业部教育局《植物及植物生理教学挂图》）

（2）子房下位：观察梨、苹果的花，可见整个子房埋于杯状花托内，且与花托内壁愈合，花的其他部分着生在子房以上的花托边缘上。

（3）子房半下位：观察马齿苋 *Portulaca oleracea* L.、东陵八仙花 *Hy-*

*drangea bretschneideri* Dipp. Laubh. 的花，可见子房下半部陷生于花托中，并与花托愈合，花的其他部分着生在子房周围的花托边缘上。

## 3.6　胎座的类型

由于构成雌蕊的心皮数目以及心皮在子房部分合生的程度不同，构成了各种不同的胎座式（图 12-14），常见的类型有：

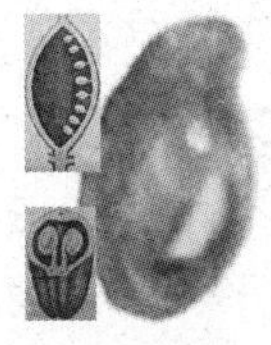
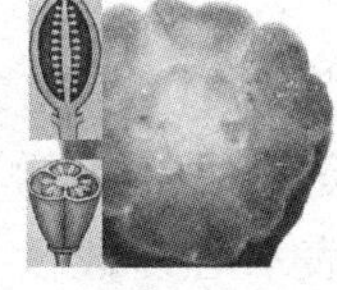
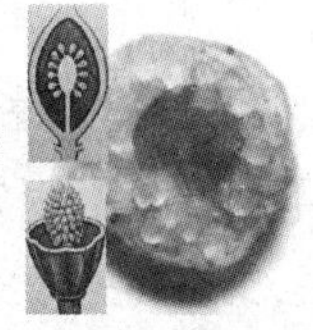
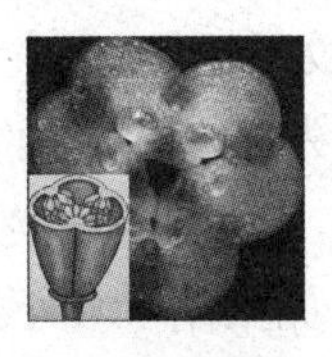

边缘胎座　中轴胎座　特立中央胎座　侧膜胎座　顶生胎座　基生胎座

**图 12-14　胎座的类型**

（部分引自农业部教育局《植物及植物生理教学挂图》）

（1）边缘胎座：雌蕊由单心皮构成，子房 1 室，胚珠着生于心皮的腹缝线上。取豆科植物子房作横切面观察，可见子房中有 1 个子房室，在子房室边缘的子房壁上仅有 1 个胚珠着生的位点。

（2）侧膜胎座：雌蕊由 2 枚以上的心皮构成，各心皮边缘互相合生，形成子房 1 室的复雌蕊，胚珠沿腹缝线着生。取黄瓜 *Cucumis sativus* L. 子房作横切面观察，可见子房中仅 1 个子房室，在子房室边缘的子房壁上有 3 个胚珠着生位点。

（3）中轴胎座：观察梨、苹果、泡桐 *Paulownia tomentosa*（Thunb.）Steud. 的胎座式，可见雌蕊由 2 至多枚心皮构成，各心皮在子房中间互相结合，形成中轴，子房室数与心皮数相等，胚珠着生于中轴上。

（4）特立中央胎座：观察报春花 *Primula malacoides* Franch.、石竹属 *Dianthus* L. 的胎座式，可见雌蕊由 2 至多枚心皮构成，由中轴胎座演化而来，通过进化各子房室间的隔膜消失，子房成为 1 室，但中轴依然存在，胚珠即着生在中央轴的四周。

（5）顶生胎座：观察榆属、桑属的胎座式，可见子房 1 室，胚珠垂生于子房顶端。

（6）基生胎座：观察向日葵 *Helianthus annuus* L. 的胎座式，可见子房 1 室，胚珠着生于子房基部。

## 3.7　花程式、花图式的使用与花的描述

花的构造可以用花程式及花图式表示。

### 3.7.1　花程式

花的各部以拉丁文或其他文字首位或首两位字母来代表。花程式就是用

简单的式子来表示花的构造。

花被 P（拉丁文 Perianthium）

花萼 K（德文 Kelch）或用 Ca（拉丁文 Calyx）表示。

花瓣 C（拉丁文 Corolla，若用 Ca 表示花萼，则用 Co 表示花瓣。）

雄蕊群 A（拉丁文 Androecium）

雌蕊群 G（拉丁文 Gynoecium）

依花的各部分由外至内排列的次序，顺序缮写。以数字 1，2，3，4，……表示花部的数目，以 ∞ 表示数目很多而不固定，以 0 表示不具备或退化，雌蕊群 G 之后，如果附 3 个数字，则第一个表示心皮数目，第二个表示子房室数目，第三个表示每室的胚珠数。

以 ↑ 表示两侧对称，以 * 表示辐射对称。

以（）表示连合。

以 + 表示排列轮数的关系。

以 $\underline{G}$ 表示子房上位；以$\overline{\underline{G}}$表示子房半下位；以 $\overline{G}$表示子房下位。

以 ⚥ 表示两性花，♂表示雄花，♀表示雌花。

### 3.7.2　花图式

花图式是花的横切面的简图，表示各部分数目、离合状态、排列状况（图 12-15）。绘制规则如下：

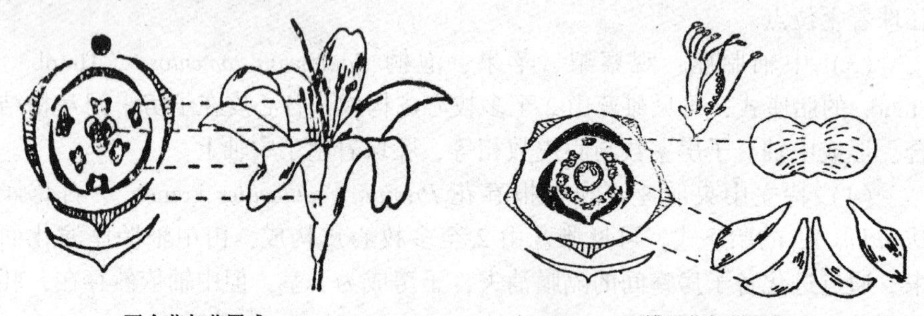

百合花与花图式　　蝶形花与花图式

图 12-15　花图式

（引自曹慧娟《植物学》）

（1）花轴：以圆圈“○”表示，有时为圆点，绘在花图式的上方。

（2）苞片：以中央有一突起的新月形空心弧线来表示，绘在花轴的对方或侧方。如为顶生花，则花轴及苞片都不必绘出。

（3）花的各部分应绘在花轴和苞片之间。

（4）花被：花萼以突起的和具短线的新月形弧线表示；花冠以黑色的实心弧线表示。绘制时要表示出萼片及花瓣的排列位置、连合状况及相互间的位置；如果花萼、花瓣都是离生的，则各弧线彼此分离；如为合生的，则以虚线连接各弧线；如果萼片、花瓣有距，则以弧线延长来表示。

(5) 雄蕊：以花药的横切面来表示；绘制时应表示出排列方式和轮数、分离或连合以及雄蕊和花瓣的关系（对生、互生）。如雄蕊退化，则以虚线圈表示。

(6) 雌蕊：以子房横切面表示，绘制时要注意心皮的数目、合生、离生、子房室数、胎座、胚珠着生情况。

### 3.7.3　文字描述

为了更完整、更详细地表达一种植物花的形态，有时需要进行文字的描述，花的描述通常按一定顺序即由外向内进行。特别要注意在花程式与花图式中所不能表达的特征，如花的大小、颜色、气味等。

例 1：桃 *Prunus persica* Batsch.

花程式：＊ ⚥ $K_5\ C_5\ A_\infty\ \underline{G}1:1:2$

文字描述：花单生；花径约 2 ~ 5cm；花整齐，两性；花萼紫红色微带绿，着生于杯状花托之上，萼片 5，卵形，分离，与花瓣互生，呈覆瓦状排列；花瓣 5，粉红色，倒卵圆形或长椭圆形；雄蕊多数，分离，花药黄色；单心皮雌蕊，子房上位，1 室，2 枚胚珠。

例 2：刺槐 *Robinia pseudoacacia* L.

花程式：↑ ⚥ $K_{(5)}\ C_{1+2+(2)}\ A_{(9)+1}\ \underline{G}1:1:\infty$

文字描述：花组成下垂的总状花序；花具细梗；花萼钟状，绿色，具 5 齿，略呈二唇状；花冠蝶形，白色，有香味，长约 1.5 ~ 2cm；旗瓣稍圆形，反折，基部有黄斑，翼瓣反曲，龙骨瓣不反曲，基部多少连合；雄蕊 10 枚，组成（9）+1 的二体雄蕊；子房上位，1 心皮 1 室，胚珠多数，边缘胎座。

## 4　花序

每一个花柄只生一朵花的叫单生花，这种情形较少，大部分植物的花，都依着一定的规律排列在有苞片的枝条上，这样的花枝称为花序（图 12-16）。着生花序的轴叫花轴。所有花序可归纳为三大类：

### 4.1　无限花序

当花枝成总状分枝时即发育为无限花序。在无限花序中，主轴顶端为顶芽，而花生在侧枝上，自下而上或自周围向中心发育。无限花序中依花轴分枝与否，又分为单花序和复花序：

(1) 单花序：花轴不分枝，有下面几种类型：

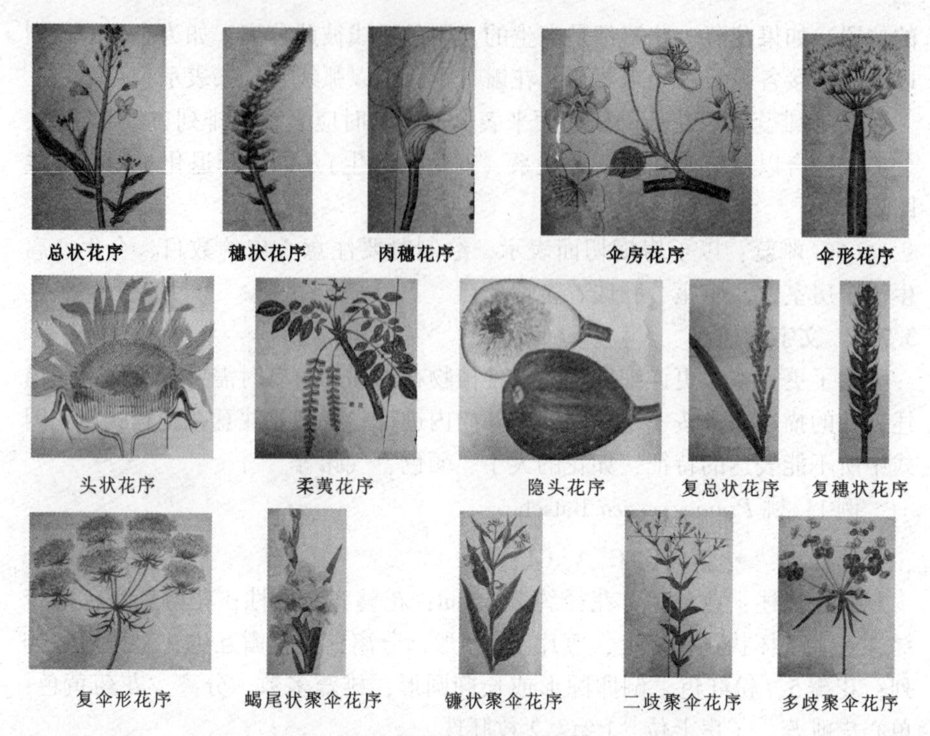


图 12-16　花序的类型

（引自农业部教育局《植物及植物生理教学挂图》）

①总状花序：观察刺槐的花序，可见许多有柄的花互生排列在一花轴上，且花柄长度大致相等。

②穗状花序：观察紫穗槐 *Amorpha fruticosa* L.、车前的花序。可见许多花着生于长的花轴上，无柄或柄极短，排列与总状花序相同。

③肉穗花序：观察马蹄莲 *Zantedeschia aethiopica*（L.）Spr. 的花序，可见其类似于穗状花序，但花序轴膨大且肉质化，花序下具大型佛焰苞，又称佛焰花序。

④伞房花序：观察山里红 *Crataegus pinnatifida* var. *major* N. E. Br.、梨属的花序。可见花序排列的方式为总状，但下部花柄的长度大大超过上部，因此整个花序的花多少排列在一个平面上。

⑤伞形花序：观察三裂绣线菊 *Spiraea trilobata* L.、四季樱草 *Primula obconica* Hance. 的花序，可见花从花轴的顶端一点上伸出，排列在一个平面或一个球面上。

⑥头状花序：观察菊科植物的花序，可见花轴成肥厚膨大的短轴，凹陷，凸出，或呈扁平状。花位于短轴顶端，花轴下部由许多小苞片形成总

苞，花无柄。

⑦柔荑花序：观察胡桃 *Juglans regia* L.、杨属或柳属植物的花序，可见其基本特征与穗状花序相同，即在不分枝的花轴上，着生了许多单性的无被花，花轴通常柔软下垂，常在花开后整个花序脱落。

⑧隐头花序：观察无花果 *Ficus carica* L. 花枝，可见花序轴较短，肥厚肉质化，呈中空的囊状体，内壁着生有无柄的单性花，顶端有一小孔，孔口有许多总苞。

（2）复花序：花轴分枝，由几个不同或相同的单花序组成。

①圆锥花序：观察珍珠梅 *Sorbaria kirilowii*（Regel）Maxim.、灰菜 *Chenopodium album* L. 的花序，可见花不直接着生在总状花序的轴上，而是在着生花的位置上形成一个分枝，若每个分枝成一个较小的总状花序，则又称为复总状花序。若每个分枝成一个较小的穗状花序，则又称为复穗状花序。

②复伞形花序：观察胡萝卜 *Daucus carota* L. var. *sativus* Hoffm. 的花序，可见在伞形花序的花轴上不为个别的单花，而为较小的伞形花序，在第一层伞形花序花轴的基部有苞片组成的小总苞。

③复伞房花序：观察花楸 *Sorbus pauhuashanensis*（Hance）Hedl. 的花序，可见在伞房花序的花轴上不为个别的单花，而为较小的伞房花序，在第一层伞房花序花轴的基部有苞片组成的小总苞。

### 4.2 有限花序

又称聚伞花序，其花轴呈合轴分枝或假二叉分枝，花序主轴顶端的花先开，开花顺序是自上而下或自中心向周围。依它们分枝的不同，又可分为下面几种：

（1）单歧聚伞花序：呈合轴分枝，在花序中顶芽发育成一花之后，其下仅有一个侧芽发育成侧枝，侧枝的长度常超过主枝，在侧枝顶端又发育成一花，并以同样的方式继续分枝。观察聚合草 *Symphytum officinale* Linn. 等紫草科植物的花序，可见花朵依次在以主轴为中轴线的一侧开放，形成卷曲状，此为镰状聚伞花序。观察唐菖蒲 *Gladiolus gandavensis* Van Houtt. 的花序，可见花朵依次在以主轴为中轴线的两侧交替开放，状如蝎尾，此为蝎尾状聚伞花序。

（2）二歧聚伞花序：观察明开夜合、丝石竹 *Gypsophila acutifolia* Fisch. 的花序。可见花轴呈假二叉分枝，在花序的主轴上着生顶花，顶花基部同时发出两个侧轴，每个侧轴都着生顶花，且以同样方式继续分枝。

（3）多歧聚伞花序：观察猫眼草 *Euphorbia lunulata* Bge.、泽泻 *Alisma plantago-aquatica* L. var. *orientale* Sam. 的花序，可见花序的主轴上着生顶

花，顶花基部同时发育出三个以上的分枝，各分枝再以同样的方式分枝，各分枝自成一小聚伞花序。

（4）轮伞花序：观察丹参 *Salvia miltiorrhiza* Bge. 、益母草、薄荷等唇形科植物的花序，可见这些具有对生叶的植物，每叶腋长有一个聚伞花序，在枝条上成轮状排列。

### 4.3　混合花序

即在同一花序上，生有无限和有限两种花序。观察七叶树的花序，可见其主轴为无限花序（总状花序），而侧轴为有限花序（镰状聚伞花序）。

## 5　果实

### 5.1　果实的构造

观察桃的果实。果皮由子房壁发育而来，种子由胚珠发育而来。将桃幼果纵切，从外向内区分以下几部分：

外果皮：包在果实最外的一层，较薄，其外具毛。

中果皮：肉质，肥厚多汁，是食用部分。

内果皮：质地坚硬，由石细胞构成，即通常所说的“桃核”的壳。

种子：内果皮内的“桃仁”，分为种皮和胚两部分。

全部由子房发育而成的果实统称真果，下面将观察的蓇葖果、荚果、浆果、核果等均属真果。除子房外，尚有花的其他部分参加发育而成的果实统称假果，下面将观察的梨果、瓠果等均属假果。

### 5.2　果实的类型

按果实形成时是一朵花或花序可分为单果、聚合果和复果（聚花果）。

#### 5.2.1　单果

一朵花中只有一个雌蕊（单雌蕊或复雌蕊），该雌蕊的子房发育成的果实形成单果。根据果熟时果皮的性质不同，可将单果分为干果和肉质果两大类：

（1）干果：果实成熟时果皮干燥，根据果实成熟后果皮是否开裂划分为裂果和闭果。

①裂果：果实成熟后果皮开裂的果实。又可分为（图 12-17）：

蓇葖果：观察萝藦 *Metaplexis japonica*（Thunb.）Makino、飞燕草 *Consolida ajacis*（L.）Schur. 的果实，可见其由由一心皮上位子房形成，成熟时一面开裂。观察梧桐 *Firmiana simplex*（L.）Wright. 、牡丹 *Paeonia suffruticosa* Andr. 的果实，可见其聚合果中，每一小果成熟时一面开裂为蓇葖果。

荚果：观察刺槐 *Robinia pseudoacacia* L. 等豆科植物的果实。可见其由

蓇葖果

荚果

角果

蒴果

图12-17 裂果的类型

一心皮上位子房形成，成熟时两面开裂。

角果：观察萝卜 *Raphanus sativus* L.、荠菜等十字花科等植物的果实，可见其由两心皮的上位子房形成，由假隔膜分成假二室，成熟时两边开裂。根据长宽比例，可分成长角果与短角果。前者如萝卜、桂竹香 *Cheiranthus cheiri* L. 或糖芥 *Erysimum bungei*（Kitag.）Kitag.；后者如荠菜。

蒴果：观察牵牛、棉花、木槿、连翘 *Forsythia suspensa*（Thunb.）Vahl.、曼陀罗 *Datura Stramonium* L.、虞美人 *Papaver rhoeas* L.、车前的果实，可见其由2个或2个以上心皮形成，成熟时开裂的方式有多种，如背裂（棉花等）、腹裂（牵牛等）、孔裂（虞美人等）、盖裂（车前等）等类型。

②闭果：果实成熟后果皮不开裂的果实。又可分为（图12-18）：

瘦果：观察向日葵、荞麦 *Fagopyrum esculentum* Moench. 的果实，可见其种皮与果皮分离，内含1粒种子，心皮1~3，种子仅以一点与果皮相连。两心皮如向日葵，三心皮如荞麦。

瘦果

颖果　坚果

翅果

分果

图12-18 闭果的类型

颖果：观察玉米 *Zea mays* L.、小麦 *Triticum aestivum* L. 等禾本科植物的果实，可见其仅含1粒种子，果皮与种皮愈合不易分离。

坚果：观察栓皮栎 *Quercus variabilis* Bl.、板栗 *Castanea mollissima* Bl. 的果实，可见其外果皮由石细胞组成，坚硬，其外常具总苞，含1粒种子。

翅果：观察白蜡、榆树的果实，可见其果皮延伸成翅，含1粒种子。

分果：观察苘麻 *Abutilon theophrasti* Medic.、胡萝卜的果实，可见其由复雌蕊发育而成，每室内含1粒种子，成熟时各心皮沿中轴分开而不开裂。

(2) 肉质果：果实的果皮肉质化，又可分为（图 12-19）：

①浆果：一至多心皮子房形成的果实。成熟后中果皮变成肉质多汁的果肉，内果皮分离成浆质的细胞。如番茄 *Lycopersicon esculentum* Mill.。

图 12-19 肉质果的类型

②核果：由单雌蕊发育而来，通常仅含 1 枚种子，外果皮很薄，中果皮肉质化，内果皮由石细胞组成，质地坚硬。如桃。

③柑果：由多心皮雌蕊形成，外果皮与中果皮分界不明显，外果皮上具精油囊，中果皮含很多维管束，内果皮分成若干室，向内着生很多肉质的表皮毛。如柑橘 *Citrus reticulata* Blanco。

④梨果：由中轴胎座的下位子房连同花托发育而成。如苹果、梨 *Pyrus* sp.。

⑤瓠果：由侧膜胎座的下位子房连同花托发育而成。花托与果皮愈合，无明显的外、中、内果皮之分。胎座肉质化。如黄瓜。

### 5.2.2 聚合果

由 1 朵花中离心皮雌蕊发育而成的果实。其中每一离生雌蕊都形成一独立的小果，很多个小果聚生在花托上。聚合果常见的类型有（图 12-20）：

①聚合瘦果：观察草莓 *Fragaria ananassa* Duch.、多花蔷薇 *Rosa multiflora* Thunb. 的果实，可见组成果实的每一小果均为瘦果。

②聚合蓇葖果：观察八角 *Illicium verum* Hook. f.、玉兰、牡丹的果实，可见组成果实的每一小果均为蓇葖果。

③聚合坚果：观察莲 *Nelumbo nucifera* Gaertn.、芡实 *Euryale ferox* Salisb. 的果实，可见组成果实的每一小果均为坚果。

④聚合核果：观察山楂叶悬钩子 *Rubus crataegifolins* Bge. 的果实，可见组成果实的每一小果均为核果。

⑤聚合浆果：观察五味子 *Schisandra chinensis*（Turcz.）Baill. 的果实，可见组成果实的每一小果均为浆果。

### 5.2.3　复果（聚花果）

由整个花序形成的果实，其中每朵花形成独立的小果（图 12-20），如悬铃木 *Platanus acerifolia*（Ait.）Willd.、桑葚、菠萝（凤梨）*Ananas comosus*（L.）Merr.、无花果。观察它们，可见桑葚为柔荑花序轴上着生的许多雌花一起发育而成的果实；菠萝食用的是花序轴，食用前去掉的是苞片和花被；无花果的食用部分是肉质的花轴。

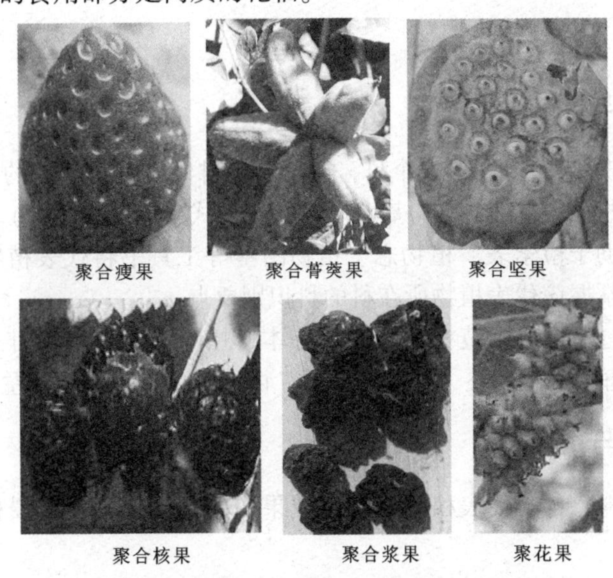


图 12-20　各种聚合果和聚花果

## 【思考题】

1. 列表比较具单叶的枝条与羽状复叶的区别。
2. 观察指定的三种植物，比较茎、叶特征。
3. 注意比较不同花序类型的简图有何不同。
4. 如何用花程式正确描述花的解剖构造。
5. 观察所给的各种果实，按其特征判断它们属于哪种果实类型。

# 实验 13

# 被子植物分科

## 【实验目的与要求】

（1）每次实验选取 2 ~ 6 个科，通过对各科代表植物的花的解剖，写出其花程式，进而掌握每个科的基本模式（花程式、胎座类型等）。

（2）借助于检索表、植物志、植物图鉴等工具书将代表植物鉴定到科（属或种），掌握该代表植物所在科的科识别要点。

（3）通过对课堂示范标本（新鲜标本、蜡叶标本）及课外采集标本的观察，要求每个学生在整个课程结束后，认识常见植物 120 种左右。

## 【实验材料与用品】

（1）材料：各类代表植物具有花或果实的新鲜标本、液浸标本或蜡叶标本。

（2）用具：体视显微镜、刀片、解剖针、镊子、检索表等，教师示范用的体视显微镜、投影机、视屏演示仪、电视机、计算机、录像机等。

## 【实验内容】

根据实验目的和要求，我们选取了重要的、常见的 30 个科通过教学实验课分别介绍。在教学实施过程中，可根据地区、季节、学时、专业的不同，从中选取适合的有代表性的材料进行教学。在教学方法上，首先让学生自己动手解剖观察每次课提供的植物材料（以花为主），并对植物体的形态特征进行描述，书写花程式，借助于检索表、植物志、植物图鉴等工具书将植物鉴定到科（属或种），写出检索路线及鉴定结果。最后，任课教师讲解和总结实验课上鉴定植物所在科的特征及其经济价值等（注：在学生检索过程中，教师可进行必要的提示，如学生观察不到的一些植物特征）。

# 1 双子叶植物纲 Dicotyledoneae

## 1.1 木兰科 Magnoliaceae

（1）花程式：$* \ ⚥ \ P_{6-12} \ A_{\infty} \ \underline{G}_{\infty:1:1-\infty}$

（2）识别要点：

乔木或灌木。单叶互生；托叶脱落，在每一节上留有环状托叶痕。花显著，辐射对称；雌蕊、雄蕊多数，离心皮雌蕊，螺旋状排列在延长的花托上。蓇葖果或翅果。

本科15属，250种，分布于亚洲和美洲的热带、亚热带地区；我国有11属，约130种，大多产西南部，是木兰科种类最丰富的地区。

（3）代表植物：

玉兰 *Magnolia denudata* Desr.：落叶乔木，单叶互生，叶倒卵形至卵状长圆形，全缘，枝上有明显的环状托叶痕。花大，单朵顶生，先叶开放，白色，芳香。果为聚合蓇葖果。

解剖观察玉兰的花（彩版3-1），可见9枚白色的花被（萼瓣不分），排成3轮，在花被的外侧有褐色的苞片；剥去花被，可看到在伸长的花托上螺旋状排列着许多花丝极短的雄蕊（在伸长的花托下部）和许多离生的雌蕊；子房1室，有胚珠2枚。

（4）经济价值：

① 园林绿化：紫玉兰 *Magnolia liliflora* Desr.、鹅掌楸 *Liriodendron chinense*（Hemsl.）Sarg、荷花玉兰 *Magnolia grandiflora* L.、含笑 *Michelia figo*（Lour.）Spreng.、白兰花 *Michelia alba* DC. 等；

② 药用：厚朴 *Magnolia officinalis* Rehd. et Wils.、紫玉兰（辛夷）、五味子 *Schisandra chinensis*（Turcz.）Baill.；

③ 提供木材；提取芳香油用于化妆。

## 1.2 毛茛科 Ranunculaceae

（1）花程式：$*; \uparrow \ ⚥ \ K_{3-\infty} \ C_{5-\infty} \ A_{\infty} \ \underline{G}_{\infty-1:1:1-\infty}$

（2）识别要点：

多为草本。叶基部具鞘，叶片常分裂。花多两性，萼片、花瓣各5个，或无花瓣，萼片花瓣状；雌雄蕊多数，螺旋状排列，常具圆球型花托。蓇葖果或瘦果。

全世界约50属1 900种，中国有43属700余种，多分布于温带。

（3）代表植物：

毛茛 *Ranunculus japonicus* Thunb.：多年生草本。基生叶及茎下部叶具长柄，叶片圆心形或五角形，3深裂，基部心形，中裂片宽菱形或倒卵形，侧裂片二浅裂，边缘具缺刻状锯齿；茎中部叶具短柄；上部叶无柄，3深裂。单歧聚伞花序。聚合瘦果，瘦果扁平，倒卵形，具短喙。

解剖观察毛茛的花（彩版3-2），可见花黄色，直径1.5~2.2mm；萼片5枚，分离；花瓣5枚较大，分离，基部具一短爪；雄蕊多数；心皮多数，离生，含1枚胚珠，螺旋状着生于花托上。

（4）经济价值：

①观赏：毛茛属 *Ranunculus* L.、铁线莲属 *Clematis* L.、芍药属 *Paeonia* L.（彩版3-3）、翠雀属 *Delphinium* L.、飞燕草属 *Consolida*（DC.）S. F. Gray 等；

②药用：黄连 *Coptis chinensis* Franch.、高乌头 *Aconitum sinomontanum* Nakai.、升麻 *Cimicifuga dahurica*（Turcz）Maxim、白头翁 *Pulsatilla chinensis*（Bge.）Regel.、毛茛属等。

## 1.3 小檗科 Berberidaceae

（1）花程式：* ⚥ $K_{3+3}\ C_{3+3}\ A_6\ \underline{G}1:1:\infty$

（2）识别要点：

草本或灌木。植物体常具刺。雄蕊2轮，外轮与花瓣对生，花药瓣裂，雌蕊1个。浆果。

本科约14属650种；我国11属300种左右，广布全国。

（3）代表植物：

紫叶小檗 *Berberis thunbergii* var. *atropururea* Chenault.（彩版3-4）：灌木，老枝暗红色，刺通常不分叉。单叶互生，叶倒卵形或匙形，全缘。花单生或2~3朵成近簇生的伞形花序。浆果椭圆形，红色。

解剖观察紫叶小檗的花，可见萼片6枚，花瓣状，排成2轮；花瓣6枚，黄色，近基部常有2腺体；雄蕊6枚；心皮1，子房上位，1室，含2枚胚珠。

（4）经济价值：

① 观赏：小檗属 *Berberis* L. 各种，南天竹 *Nandina domestica* Thunb.、十大功劳 *Mahonia fortunei*（Lindl.）Fedde. 等；

② 药用：小檗属（根皮、茎皮含小檗碱等）、南天竹（种子含油、果镇咳、根叶强筋活络）、十大功劳（根茎入药）。

## 1.4 榆科 Ulmaceae

（1）花程式：* ⚥ $K_{4-7}\ C_0\ A_{4-7}\ \underline{G}_{(2:1:1)}$

（2）识别要点：

多乔木、少灌木。单叶互生，羽状脉或三出脉，叶基常歪斜，叶缘具锯齿（少全缘）。花单生或簇生或排成聚伞花序，花两性、单性或杂性，花被片常4～5。翅果、核果或坚果。

本科约15属150种，分布于热带和温带。我国8属，约52种，南北都有分布。

（3）代表植物：

榆 *Ulmus pumila* L.：落叶乔木，树皮暗灰色，纵裂。单叶互生，叶椭圆状卵形或椭圆状披针形，叶基偏斜，叶缘多为单锯齿。花先叶开放，多数为簇生的聚伞花序，生于上一年生枝条的叶腋。翅果倒卵形，种子位于翅果的中央，周围具膜质翅。

解剖观察榆树的花（彩版3-5），可见花被片4～5枚；雄蕊4～5，花药紫色，伸出花被外；子房上位，扁平，花柱2；雌蕊由2心皮组成，1室，内具1半倒生胚珠。

（4）经济价值：

①用材：榆树、大果榆 *Ulmus macrocarpa* Hance、春榆 *Ulmus japonica* (Rehd.) Sarg. 等；

②造纸：青檀 *Pteroceltis tatarinowii* Maxim.、榔榆 *Ulmus parvifolia* Jacq.、小叶朴 *Celtis bungeana* Bl. 等。

### 1.5　桑科 Moraceae

（1）花程式：♂ $K_4\ C_0\ A_6\ G_0$；♀ $K_4\ C_0\ A_0\ \underline{G}_{(2:1:1)}$

（2）识别要点：

木本，常有乳状汁液。单叶互生。花单性，常密集为柔荑花序、隐头花序，有的集成头状花序或穗状；雄蕊与萼片同数而对生；上位子房。聚花果。

本科约53属1 400种，主要分布在热带和亚热带，我国有16属150种，多产于长江以南地区。

（3）代表植物：

桑 *Morus alba* L.：落叶乔木。单叶，互生，卵形或宽卵形，叶缘具锯齿，有时成不规则的分裂。雌、雄花均成柔荑花序，花单性，雌雄异株。聚花果（桑葚）成熟时为黑紫色或白色。

解剖观察桑树的花（彩版3-6），可见雄花花被片4，雄蕊与花被片同数且对生，中央具不育雌蕊。雌花花被片4，结果时肉质化；雌蕊由2心皮组成，常无花柱，柱头2裂，宿存，子房上位，1室，内含1枚胚珠。

(4) 经济价值：

①果品：无花果 *Ficus carica* L.、木波罗（波罗蜜）*Artocarpus heterophyllus* Lam.、白桂木 *Artocarpus hypargyraea* Hance、薜荔 *Ficus pumila* L. 等；

②药用：桑叶、皮、枝、桑葚；兽用药的箭毒木 *Antiaris toxicaria* (Pers.) Lesch.；

③园林绿化树种；

④养蚕业：桑树等。

## 1.6　山毛榉科（壳斗科）Fagaceae

(1) 花程式：♂ $K_{(4-8)}\ C_0\ A_{4-20}\ G_0$；　♀ $K_{(4-8)}\ C_0\ A_0\ \underline{G}_{(3-6:3-6:2)}$

(2) 识别要点：

乔木或灌木。单叶互生。花常为单性，雌雄同株；雄花序为柔荑花序；雌花生于总苞内，子房下位。

坚果，外具壳斗，至少部分为壳斗或硬的苞片所包。

本科约8属900种，我国有5属279种，主要分布于北半球温带和亚热带。

(3) 代表植物：

板栗 *Castanea mollissima* Bl.：落叶乔木，树皮灰色，具深沟，小枝无顶芽。单叶互生，长圆形或长圆状披针形，叶缘具刺芒状锯齿。花单性，雌雄同株，雄花成直立的穗状柔荑花序；雌花生于雄花序的基部，常3朵集生，外包总苞，苞片针刺状。坚果2~3，半球形或扁球形，褐色，生于总苞（壳斗）内，成熟时总苞4裂。

解剖其花，可见雄花的花被6裂，雄蕊10~20；雌花的花被片6，子房下位，6室，每室2胚珠，但常1个发育（彩版4-1）。

(4) 经济价值：

①木材：材质坚硬，耐腐朽，可作建筑、家具、枪托等；

②食用坚果：板栗及多种坚果可食；

③栓皮栎 *Quercus variabilis* Bl. 树皮作软木塞；树皮、枝叶、壳斗可提取栲胶，供制革用；木材及锯屑用于养殖冬菇。

## 1.7　石竹科 Caryophyllaceae

(1) 花程式：* ⚥ $K_{4-5;(4-5)}\ C_{4-5}\ A_{5-10}\ \underline{G}_{(5-2:1:\infty)}$

(2) 识别要点：

草本。茎节膨大。单叶对生，常在基部连成一线。聚伞花序或花单生，雄蕊数常为花瓣的两倍，雌蕊特立中央胎座。蒴果。

本科共 75 属 2 000 种；我国 22 属 400 种左右，广布全国。

（3）代表植物：

石竹 *Dianthus chinensis* L.：多年生草本，茎丛生，光滑，无毛。叶线状披针形。花单生，或 2、3 朵簇生成聚伞花序。蒴果圆筒形，先端 4 裂。种子卵形，灰黑色，边缘有狭翅。

取其花解剖，可见萼下有叶状苞片 4 枚，长为萼的 1/2；萼筒圆形，5 裂；花瓣 5，淡红、粉红或白色，先端裂成锯齿状，基部具长爪，喉部有斑纹或疏生须毛；雄蕊 10 枚，两轮；雌蕊由 2 心皮组成，花柱 2，子房上位，1 室，多枚胚珠着生于特立中央胎座上（彩版 4-2）。

（4）经济价值：

① 观赏：石竹、西洋石竹 *Dianthus deltoides* L.、香石竹（康乃馨）*Dianthus caryophyllus* L.、剪秋罗 *Lychins senno* Sieb. et Zucc.、大花剪秋罗 *Lychins fulgens* Fisch. 等；

② 药用：王不留行 *Vaccaria segetalis*（Neck.）Garcke、瞿麦 *Dianthus superbus* L.、牛繁缕 *Malachium aquaticum*（L.）Fries（茎叶驱风寒、解毒热、消小儿积食）、石竹（全草清热、利尿）、孩儿参 *Pseudostellaria heterophylla*（Miq.）Pax ex Pax et Hoffm.（补气）、银柴胡 *Stellaria dichotoma* L. var. *lanceolata* Bge.（清热、凉血）等。

### 1.8　堇菜科 Violaceae

（1）花程式：↑ ⚥ $K_5\ C_5\ A_5\ \underline{G}_{(3:1:\infty)}$

（2）识别要点：

草本。单叶互生或基生。花两性，两侧对称，5 基数，具距；子房上位，3 心皮 1 室，侧膜胎座。蒴果或浆果。

本科约 22 属，900 多种，分布于温带、热带。我国 4 属，130 种，全国分布。

（3）代表植物：

紫花地丁 *Viola yedoensis* Makino：多年生草本，根茎粗短，根白色至黄褐色。叶片圆形、长圆形或长圆状披针形，叶缘具圆齿。托叶基部与叶柄合生，叶柄具狭翅，上部翅较宽。花梗腋生，具花 1 ~ 2 朵，小苞片生于花梗的中部。蒴果长圆形，无毛。

解剖其花，可见萼片 5 枚，卵状披针形；花瓣 5，紫堇色或紫色，最下一瓣较大，具距，连距长 14 ~ 18mm，距细，长 4 ~ 6mm，其他 4 瓣成不相似的两对；雄蕊 5，下面两个的基部有具距状的蜜腺，延长伸入花瓣的距内；雌蕊由 3 个合生心皮组成，子房上位，1 室，侧膜胎座，具多数胚珠

（彩版 4-3）。

（4）经济价值：

观赏：蝴蝶花（三色堇）*Viola tricolor* L.、早开堇菜 *Viola prionantha* Bge.、香堇菜 *Viola odorata* L. 等。

### 1.9 杨柳科 Salicaceae

（1）花程式：♂ $K_0\ C_0\ A_{2-\infty}\ G_0$；　　♀ $K_0\ C_0\ A_0\ \underline{G}_{(2:1:\infty)}$

（2）识别要点：

落叶乔木或灌木。雌雄异株。单叶互生有托叶。柔荑花序，花由苞片所包；无花被，具花盘或腺体。蒴果；种子小，基部有长毛。

本科共 3 属，包括杨属、柳属、朝鲜柳属，约 500 种，主产在北温带。我国 3 属，230 种。

（3）代表植物：

毛白杨 *Populus tomentosa* Carr.：落叶乔木。树皮青白色，幼时平滑，老时色变暗，纵裂。小枝有灰色绒毛。冬芽卵状锥形，被褐色短绒毛，有树脂。单叶互生，三角状阔卵形，边缘具不规则的波状缺刻，叶背幼时密被灰白色绒毛，老时逐渐脱落，叶柄侧扁。雌雄异株。花成柔荑花序，下垂，常先叶开放。蒴果卵形，2 瓣裂。

取其花解剖，可见花生于苞片的腋部，苞片棕色，边缘碎裂；每花基部有 1 斜形的杯状花盘，花无被。雄花常有雄蕊 5～13 枚，花药 2 室。雌花的雌蕊着生在花盘的基部，由 2 个心皮合生而成；子房椭圆形，1 室，侧膜胎座，其内含胚珠多枚；柱头 2 裂，扁平（彩版 4-4）。

（4）经济价值：

①园林绿化树种：如垂柳 *Salix babylonica* L.、旱柳 *Salix matsudana* Koidz.（彩版 4-5）、加拿大杨 *Populus canadensis* Moench.、钻天杨 *Populus nigra* var. *italica*（Munch）Koehne 等；

②速生树种：主要用材林，绿化及行道树，防护林，造纸材料；

③蜜源植物：柳属 *Salix* L. 有蜜腺，为著名的蜜源植物，可以养蜂；

④药用：毛白杨花、根皮入药，可治红、白痢疾；柳絮主治黄疸。

### 1.10 十字花科 Cruciferae

（1）花程式：＊ ⚥ $K_4\ C_4\ A_{4+2}\ \underline{G}_{(2:2:1-\infty)}$

（2）识别要点：

草本，具辛辣味。无托叶。花 4 基数，萼片 4，花瓣 4；四强雄蕊。长角果或短角果，具假隔膜。

本科共340属，3 000种，广布于世界各地，以北温带为多。我国有90属，300种。

（3）代表植物：

诸葛菜（二月蓝）*Orychophragmus violaceus*（L.）O. E. Schulz：一、二年生草本。茎单一，直立。基生叶和下部茎生叶大头羽状分裂，叶柄长2～4cm；上部茎生叶长圆形或窄卵形，基部耳状，抱茎，边缘有不整齐牙齿。花大，成疏松总状花序。长角果，线形，长7～10cm，具4棱，喙长1.5～2.5cm。种子卵圆形至长圆形，长约2mm，黑棕色。

解剖其花，可见花紫色或白色，直径2～4cm。自外向内萼片、花瓣各4枚，排列成十字形花冠，花瓣具长爪；雄蕊6，离生，排成2轮，外轮2个比内轮4个稍短，成四强雄蕊；雌蕊由2心皮合生组成，侧膜胎座，中间有假隔膜而形成2室，每室具多枚胚珠；花柱短，柱头2裂（彩版4-6）。

（4）经济价值：

①蔬菜：叶菜类、根茎类、花菜类，如白菜 *Brassica pekinensis* Rupr.、萝卜 *Raphanus sativus* L.、荠菜 *Capsella bursa-pastoris*（L.）Medic.（彩版5-1）、甘蓝 *Brassica oleracea* L.、油菜 *Brassica chinensis* L. 等；

②油料及蜜源植物：油菜；

③药用：菘蓝 *Isatis tinctoria* L.、萝卜（莱菔子）等；

④香料：芥末、辣根 *Armoracia rusticana*（Lam.）Gaertn. B. Mey. et Scherb. 等；

⑤观赏：紫罗兰 *Matthila incana*（L.）R. Br.、花叶甘蓝 *Brassica oleracea* var. *acephala* DC. f. *tricolor* Hort.、桂竹香 *Cheiranthus cheiri* L.、香雪球 *Lobularia maritima*（L.）Desv. 等。

## 1.11 报春花科 Primulaceae

（1）花程式：$* ⚥ K_{(5);(4-9)} C_{(5);(4-9)} A_{5;9} \underline{G}_{(5:1:\infty)}$

（2）识别要点：

多草本。植物体具腺点和白粉。叶对生、轮生或基生。花5基数，花瓣合生；雄蕊与花瓣对生；特立中央胎座。蒴果；种子多数。

本科约28属，1 000种，广布世界。我国11属，500种，主要产于西南高山上。

（3）代表植物：

报春花 *Primula malacoides* Franch.：多年生草本。多须根。叶基生，莲座状，长圆形至椭圆状卵形，边缘有不整齐的缺裂，缺裂具细锯齿。花在花莛上组成2～6层伞形花序，每轮具多朵花。苞片线状披针形。蒴果，球形。

解剖观察其花，可见花深红、浅红或白色，较小，直径约 1.2cm。花萼宽钟状，5 裂，裂片三角状披针形。花冠高脚碟状，长于花萼，裂片 5，倒心形，顶端凹缺，花冠筒比花冠裂片长，喉部常有附属体。雄蕊 5 枚，内藏，着生花冠筒上，与花冠裂片对生。雌蕊由 5 心皮合生组成，子房上位，1 室，特立中央胎座，内含胚珠多枚（彩版 5-2）。

（4）经济价值：

①观赏：报春花、仙客来 *Cyclamen persicum* Mill.、点地梅 *Androsace umbellata*（Lour.）Merr. 等；

②药用：狭叶珍珠菜 *Lysimachia pentapetala* Bge.、点地梅、过路黄 *Lysimachia christinae* Hance 等。珍珠菜有活血的功效；过路黄能治疗各种结石病；点地梅可以治喉炎，又叫喉咙草。

### 1.12 景天科 Crassulaceae

（1）花程式：$* \ ⚥ \ K_{4-5}\ C_{4-5}\ A_{4-5;8-10}\ \underline{G}_{4-5:1:\infty}$

（2）识别要点：

多年生草本、稀为亚灌木。茎叶肥厚。单叶互生、轮生，偶为对生，无托叶。花两性或单性，雌雄异株；花序常聚伞状；花 4～5 基数、萼片与花瓣同数，分离或合生；心皮常与花瓣同数，分离或基部合生。蓇葖果，少数为蒴果。

本科 33 属，1 200 种，广布世界各地。我国 11 属，约 230 种。

（3）代表植物：

长寿花（伽蓝菜）*Kalanchoe laciniata*（L）DC：肉质亚灌木或多年生草本。株高 30～100cm，全株蓝绿色。叶对生，叶片三角状卵形或长圆状倒卵形，中部叶羽状条裂，裂片线形至线状披针形，边缘有不整齐裂片或钝齿状，少为全缘；叶柄长 2～3cm，向上渐短。聚伞花序圆锥状或伞房状，苞片线形。蓇葖果，有数枚种子。

取长寿花（彩版 5-3）解剖观察，可见花黄色或橙红色，直径约 1.5cm。花萼 4 深裂，披针形。花冠下部呈长管状，基部膨大，上部 4 裂片平展。雄蕊 8，着生于花冠管喉部。心皮 4，分离，子房上位，1 室，内含胚珠多枚。

（4）经济价值：

①观赏：长寿花、燕子掌 *Crassula argentea* Thunb.、垂盆草 *Sedum sarmentosum* Bge.、石莲花 *Echeveria glauca* Baker、瓦松 *Orostachys fimbriatus*（Turcz.）Berger 等；

②药用：景天三七 *Sedum aizoon* L.、红景天 *Rhodiola rosea* L.、瓦松等。

## 1.13 虎耳草科 Saxifragaceae

（1）花程式：* ⚥ $K_5\ C_5\ A_{5-10}\underline{G}_{(1-4:1-4:\infty)}$

（2）识别要点：

多年生草本或灌木。单叶互生或对生，无托叶。花多两性，5基数，周位；花序总状、聚伞状，稀单生。蒴果或浆果。

本科约80属，1 200种，主要产于北温带；我国27属，约400种，产于全国各地。

（3）代表植物：

香茶藨子（黄丁香）*Ribes odoratum* Wendl.：灌木。幼枝密被白色柔毛。单叶，互生或在短枝上簇生，叶片轮廓卵形、肾圆形至倒卵形，3裂。花两性，5~10朵成总状花序，下垂。苞片卵形，叶状。浆果近球形。

解剖其花，可见花萼5裂，萼片花瓣状，黄色，萼筒长12~15mm，萼裂片长不足萼筒之半；花瓣5，不显著，退化为鳞片状，常为红色；雄蕊5，与花瓣互生。雌蕊由2~3心皮合生组成，子房下位，1室，侧膜胎座，含多数胚珠（彩版5-4）。

（4）经济价值：

①观赏：大花溲疏 *Deutzia grandiflora* Bge.、小花溲疏 *Deutzia parviflora* Bge.、香茶藨子、太平花 *Philadelphus pekinensis* Rupr.、虎耳草 *Saxifraga stolonifera* Meerb. 等；

②药用：如落新妇 *Astilbe chinensis* (Maxim.) Franch. et Sav. Enum.、虎耳草有活血、止痛、清热解毒的功能；

③食用：刺果茶藨子 *Ribes burejense* Fr. Schmidt.。

## 1.14 蔷薇科 Rosaceae

（1）花程式：* ⚥ $K_5\ C_5\ A_{5-\infty}\underline{G}_{(1:1:2)}$；$G_{5-\infty:1:1-\infty}$；$\underline{G}_{(2-5:2-5:2)}$

（2）识别要点：

草本、灌木或乔木。叶有托叶。花辐射对称，萼片5，花瓣5；雄蕊多数，常具萼冠雄蕊管（即花萼、花冠及雄蕊基部合生而成的管）。核果、聚合蓇葖果、聚合瘦果、梨果等。

（3）分类和分布：

本科是一个大科，有4个亚科，约125属，3 300种，广布于全世界。我国有52属，1 000余种。

根据心皮数、雌蕊类型、子房位置和果实特征分为4个亚科即：

①李亚科 Prunoideae：灌木或小乔木。单叶互生，有托叶。蔷薇型花

冠，花托杯状，周位花，心皮1，子房上位。核果。

②绣线菊亚科 Spiraeoideae：多灌木。心皮1～5，常离生，子房上位，离心皮雌蕊。聚合蓇葖果。

③蔷薇亚科 Rosoideae：灌木或草本。有花托，子房上位，离心皮雌蕊，心皮多数。聚合瘦果或聚合核果。

④苹果亚科 Maloideae：乔木或小乔木。单叶互生，有托叶，子房下位，心皮2～5，梨果。

它们的比较如下表：

| 性状特点 | 李亚科 | 绣线菊亚科 | 蔷薇亚科 | 苹果亚科 |
|---|---|---|---|---|
| 子房位置 | $\underline{G}$ | $\underline{G}$ | $\underline{G}$ | $\overline{G}$ |
| 雌蕊类型 | 单雌蕊 | 离心皮雌蕊 | 离心皮雌蕊 | 复雌蕊 |
| 心皮数目 | 1 | 1～5 | ∞ | 2～5 |
| 果实类型 | 核果 | 聚合蓇葖果 | 聚合瘦果<br>聚合核果 | 梨果 |

（4）代表植物：

①李亚科：

山桃 *Prunus davidiana*（Carr.）Franch.：落叶乔木，树皮暗紫色，光滑有光泽。嫩枝无毛。单叶，互生，叶片卵状披针形，边缘具细锐锯齿，两面平滑无毛；叶柄长1～2cm；托叶小，早落。花单生，先叶开放，近无梗。核果球形，直径约2cm，有沟，具毛。果肉干燥，离核。果核小，球形，有凹沟。

解剖其花，可见花白色或浅粉红色，直径2～3cm。花托（萼筒）钟状，无毛；萼片5，卵圆形。花瓣5，离生。离生雄蕊，多数。雌蕊由1心皮组成，子房上位，1室，内有2胚珠；花柱延长，柱头头状（彩版5-5）。

②绣线菊亚科：

三裂绣线菊 *Spiraea trilobata* L.：落叶灌木。小枝呈之字形弯曲，幼时褐黄色，老时暗灰色。单叶，互生，叶片近圆形，先端3裂，边缘自中部以上具少数圆钝锯齿，两面无毛，下面灰绿色；叶柄长1～5mm；无托叶。花两性，成伞形花序。蓇葖果5，内含数枚种子。

解剖其花，可见花白色，直径5～7mm。花托杯状；萼片5枚，裂片三角形。花瓣5枚，离生，宽倒卵形，先端微凹。雄蕊多数，比花瓣短。雌蕊心皮5，离生，每个单雌蕊子房上位，1室，内含胚珠多枚（彩版5-6）。

③蔷薇亚科：

黄刺玫 *Rosa xanthina* Lindl.，落叶灌木。茎直立。小枝细长，紫褐色，有散生硬直皮刺。羽状复叶，小叶7～13，宽卵形或近圆形，边缘有钝锯齿；叶柄长8～15mm，与叶轴均疏生柔毛和皮刺；托叶披针形或线状披针形，全缘，中部以下与叶柄连生。花单生。果为数枚瘦果包于花托内而成的聚合果，即蔷薇果，近球形，直径约1.2cm，红褐色，萼片宿存。

解剖其花，可见花黄色，直径约4cm。花托壶状，光滑；萼片5枚，披针形，全缘。花瓣5枚，离生，倒卵形，重瓣或近重瓣。雄蕊多数，离生。雌蕊心皮数枚，离生，每个单雌蕊子房上位，1室，内含胚珠1枚。花柱离生，有短柔毛，稍伸出萼筒口（彩版6-1）。

④苹果亚科：

西府海棠 *Malus micromalus* Makino：小乔木，小枝紫红色或暗紫色。单叶，互生，叶片长椭圆形或椭圆形，边缘具尖锐锯齿，老时两面无毛；叶柄长2～2.5cm。伞形总状花序，有花4～6朵，集生于小枝顶端。梨果，近球形，直径1～1.5cm，红色；萼片多数脱落，少数宿存。种子褐色或近褐色。

解剖其花，可见花粉红色，直径3～4cm。花托外面密被白色绒毛。萼片5枚，三角状卵形、三角形至长卵形，内面密生绒毛。花瓣离生。雄蕊20枚，离生。雌蕊由3～5心皮合生组成，子房下位，3～5室，每室内含胚珠2枚。花柱5，基部具绒毛（彩版6-2）。

（5）经济价值：

①水果：梨 *Pyrus* sp.、苹果 *Malus pumila* Mill.、桃 *Prunus persica* Batsch.、李 *Prunus salicina* Lindl.、梅 *Prunus mume*（Sieb.）Sieb. et Zucc.、杏 *Prunus armeniaca* L.、山楂 *Crataegus pinnatifida* Bge.、海棠 *Malus spectabilis*（Ait）Borkh.、枇杷 *Eriobotrya japonica*（Thunb.）Lindl.、樱桃 *Prunus pseudocerasus* Lindl.、草莓 *Fragaria ananassa* Duch. 等；

②观赏：梅花 *Prunus* sp.、月季 *Rosa chinensis* Jacq. 是中国的十大名花，此外尚有樱花 *Prunus serrulata* Lindl.、海棠、桃花、绣线菊 *Spiraea* sp.、黄刺玫、榆叶梅 *Prunus triloba* Lindl. 等，月季是世界四大切花之一；

③香料：玫瑰 *Rosa rugosa* Thunb.；

④药用：山楂、枇杷、杏仁、木瓜 *Chaenomeles sinensis*（Thouin）Kochne、龙牙草 *Agrimonia pilosa* Ledeb. 等。

## 1.15 豆科 Leguminosae

（1）花程式：↑；＊ ⚥ $K_{(5)}$ $C_5$ $A_{(\infty);(9)+1;10}$ $\underline{G}_{1:1:1-\infty}$

（2）识别要点：

草本、灌木、乔木或藤本。叶少单叶，常为羽状复叶或3出复叶；叶互生，常具托叶。花常两侧对称，少为辐射对称，花冠多为蝶形或假蝶形；雄蕊为2体、单体或分离，雌蕊由1心皮构成。荚果。

(3) 分类和分布：

按照哈钦松的意见，本科分为3个科，由这3个科组成豆目。现仍按恩格勒系统的分科予以处理。本科约690属，17 000多种，为种子植物的第三大科，广布于全世界。我国有150属，1 100多种，南北各地都产。由于本科较大，常可分为三个亚科：

①含羞草亚科 Mimosoideae：多复叶，花辐射对称，不成蝶形，雄蕊4～10枚或10枚以上，花丝分离或结合，荚果。

②云实亚科 Caesalpinioideae：木本，花两侧对称，假蝶形花冠，雄蕊10或10以下，常分离，荚果。

③蝶形花亚科 Papilionoideae：多复叶，蝶形花冠，多二体雄蕊，荚果。蝶形花亚科与人类关系最密切。

它们的比较如下表：

| 性状特点 | 含羞草亚科 | 云实亚科 | 蝶形花亚科 |
|---|---|---|---|
| 花对称性 | * | ↑ 假蝶型 | ↑ 真蝶型 |
| 雄蕊类型 | $A_{\infty}$ | $A_{10}$ | $A_{10}$或$A_{(9)+1}$ |
| 果实类型 | 荚果 | 荚果 | 荚果 |

(4) 代表植物：

①含羞草亚科：

合欢 *Albizia julibrissin* Durazz.：落叶乔木。树皮灰褐色。小枝绿棕色，皮孔明显。叶为二回偶数羽状复叶，互生，羽片4～12对；小叶10～30对，镰刀形或长圆形，全缘；托叶线状披针形，早落。头状花序，多数，生于新枝的顶端，成伞房状排列；花两性，辐射对称。荚果，扁平，带状，含种子8～14粒，通常不开裂。种子扁平，椭圆形。

取其花解剖观察，可见小花粉红色，连同雄蕊长25～50mm。花萼5裂，钟形，长约3mm。花瓣5，中部以上结合，淡黄色。雄蕊多枚，花丝基部结合；花药小，2室。雌蕊由1心皮组成，子房上位，1室，边缘胎座，含胚珠1至多枚。花柱丝状，柱头小（彩版6-3）。

②云实亚科：

紫荆 *Cercis chinensis* Bge.：落叶灌木或乔木。树皮暗灰色。小枝有皮孔。单叶，互生，近圆形，全缘，无毛，掌状脉；叶柄长3～5cm；托叶长圆形，早落。花先叶开放，5~10朵簇生于老枝上，两性，假碟形花冠；小苞片2，宽卵形。荚果，线形，沿腹缝线有窄翅，含种子多粒；种子扁，近圆形。

取其花解剖观察，可见花紫红色，长1.5～1.8cm。花萼5裂，宽钟形。花瓣5，不等大，上方的旗瓣和翼瓣较小，下方的龙骨瓣最大。雄蕊10枚，花丝分离。雌蕊由1心皮组成，子房有柄，上位，1室，边缘胎座，含胚珠多枚（彩版6-4）。

③蝶形花亚科：

金雀儿（红花锦鸡儿）*Caragana rosea* Turcz.：直立灌木。树皮灰褐色或灰黄色。小枝细长，有棱，无毛。长枝上的托叶宿存，并硬化成针刺；短枝上的托叶脱落；叶轴脱落或宿存变成针刺状。偶数羽状复叶，互生，小叶4枚，假掌状排列，椭圆状倒卵形，全缘。花两性，单生，蝶形花冠，花梗中部有关节。荚果，圆柱形，褐色，无毛。种子多数。

取其花解剖观察，可见花黄色或淡红色，长1.8～3cm。花萼深钟状，萼齿5，三角形，有刺尖。花瓣5，不等大，旗瓣最大，长椭圆状倒卵形，翼瓣有爪和耳，龙骨瓣先端钝。雄蕊10枚，为9与1的二体雄蕊。雌蕊由1心皮组成，子房有柄，极短，上位，1室，边缘胎座，含胚珠多枚（彩版6-5）。

（5）经济价值：

①观赏：紫荆、羊蹄甲 *Bauthinia purpurea* L.、凤凰木 *Delonix regia* (Bojer) Raf.、云实 *Caesalpinia decapetala* (Roth) Alston、锦鸡儿 *Caragana sinica* (Buchoz.) Rehd.、金雀儿 *Caragana rosea* Turcz.、紫藤 *Wisteria sinensis* (Sims.) Sweet、龙爪槐 *Sophora japonica* L. cv. Pendula、国槐 *Sophora japonica* L.、刺槐 *Robinia pseudoacacia* L.、合欢、含羞草 *Mimosa pudica* L.，台湾相思 *Acacia richii* Gray 等；

②药用：决明 *Cassia obtusifolia* L.、苏木 *Caesalpinia sappan* L.、羊蹄甲、黄芪 *Astragalus membranaceus* (Fisch.) Bge.、甘草 *Glycyrrhiza uralensis* Fisch. 等；

③牧草与绿肥：草木犀 *Melilotus suaveolens* Ledeb.、苜蓿属 *Medicago* L.、车轴草 *Trifolium* sp.、紫云英 *Astragalus sinicus* L.、田菁 *Sesbania cannabina* (Retz.) Pers.、猪屎豆 *Crotalaria mucronata* Desv. 等；

④木材：格木 *Erythrophleum fordii* Oliver、黄檀 *Dalbergia hupeana* Hance、花榈木 *Ormosia henryi* Prain、巴西黄檀等；

⑤油脂：花生 *Arachis hypogaea* L. 含油30%，大豆 *Glycine max* (L.) Merr. 含油60%；

⑥豆类淀粉：蚕豆 *Vicia faba* L.、豌豆 *Pisum sativum* L.、绿豆 *Phaseolus radiatus* L.、赤豆 *Phaseolus angularis*（Willd.）W. F. Wight.、扁豆 *Dolichos lablab* L.、眉豆 *Vigna cylindrica*（L.）Skeels、粉葛 *Pueraria thomsonii* Benth. 等；

⑦豆类蔬菜：菜豆 *Phaseolus vulgaris* L.、豇豆 *Vigna sinensis*（L.）Endl. Gen.、豌豆、褐毛藜豆 *Mucuna castanea* Merr. 等；

⑧染料：木蓝 *Indigofera* sp.、苏木、甘草等；

⑨树胶：金合欢 *Acacia farnesiana*（L.）Willd. 可提取阿拉伯胶。

### 1.16 黄杨科 Buxaceae

（1）花程式：♂；⚥ $K_4\ C_0\ A_{4\sim6}\ G_0$；♀ $K_6\ C_0\ A_0\underline{G}_{(3:3:2)}$

（2）识别要点：

常绿灌木或小乔木。单叶革质，常全缘，互生或对生，无托叶。花单性，雌雄同株或异株，无花瓣；呈穗状或短总状花序簇生；雄蕊 4～6 与萼片对生。蒴果。

本科 4 属约 100 种，分布于热带和温带地区。我国 3 属，27 种。

（3）代表植物：

黄杨 *Buxus sinica*（Rehd. et Wils.）Cheng：常绿灌木。树皮灰白色。小枝绿褐色，四棱形，具短柔毛。单叶，对生，长圆形、阔倒卵形或倒卵状椭圆形，全缘，革质；叶柄长 1～2mm，具毛。花单性，雌雄同株，簇生叶腋或枝端；雌花 1 朵，生于花序顶端；雄花数朵，生于花序下方或四周。蒴果，近球形，具宿存的花柱。种子长圆形，黑色。

取其花解剖观察，可见花无花瓣。雄花具萼片 4 枚，卵状椭圆形或近圆形；雄蕊 4，连花药长 4～5mm；有不育雌蕊。雌花具萼片 6 枚；雌蕊由 3 心皮合生组成，子房上位，3 室，中轴胎座，每室具 2 倒生胚珠；花柱粗扁，柱头倒心形，下延达花柱中部（彩版 6-6）。

（4）经济价值：

观赏：小叶黄杨 *Buxus microphylla* S. et Z.、锦熟黄杨 *Buxus sempewirens* L.、雀舌黄杨 *Buxus bodinieri* Lévl. 等。

### 1.17 茄科 Solanaceae

（1）花程式：* ⚥ $K_{(5)}\ C_{(5)}\ A_5\underline{G}_{(2:2:\infty)}$

（2）识别要点：

草本，灌木或乔木，或有时为藤本。叶互生，无托叶。花辐射对称，5 基数；雄蕊 5，子房 2 室，有时有假的再分开；胚珠多数。浆果或蒴果。

本科约 85 属，3 000 种，广布温带、亚热带和热带。南美洲种类最多。

中国 24 属，约 115 种，南北各地都有分布。

（3）代表植物：

矮牵牛（碧冬茄）*Petunia hybrida* Vilm.：一年生草本。植株被腺毛，茎为圆柱形。单叶，互生或上部对生，叶片卵形，全缘。花两性，单生于叶腋，花柄长 3～5cm。蒴果，圆锥状。种子近球形，褐色。

解剖观察其花，可见花白色或紫红色；直径 4cm 左右。花萼 5 深裂，裂片披针形。花冠漏斗状，筒部长而直立，顶端 5 钝裂，花瓣变化大，有单瓣或重瓣，边缘皱纹状或不规则锯齿。雄蕊 5 枚，4 长 1 短，着生在花冠管的中部或下部。雌蕊由 2 心皮合生而成，子房上位，2 室，中轴胎座，每室含胚珠多枚（彩版 7-1）。

（4）经济价值：

①观赏：矮牵牛（碧冬茄）、曼陀罗 *Datura stramonium* L. 等；

②食用：茄 *Solanum melongena* L.、马铃薯 *Solanum tuberosum* L.、番茄（西红柿）*Lycopersicon esculentum* Mill.、辣椒 *Capsicum annuum* L. 等。

## 1.18　旋花科 Convolvulaceae

（1）花程式：* ⚥ $K_{(5)}\ C_{(5)}\ A_5\underline{G}_{(1-4:1-4:2)}$

（2）识别要点：

草本，灌木或乔木；常为具乳液的攀缘植物。叶互生。花 5 基数，花冠管状并具褶；雄蕊 5，花瓣上着生；雌蕊 2 心皮；胚珠单生或成对，直立。通常为蒴果。

本科约有 50 属，1 000 余种，多数产于热带和亚热带。我国有 19 属，90 余种。

（3）代表植物：

圆叶牵牛 *Pharbitis purpurea*（L.）Voigt：一年生草本。茎缠绕，植株被倒向短柔毛或稍开展的硬毛。单叶，互生，叶片圆心形，全缘；叶柄长 5～9cm。花两性，腋生、单生或数朵组成伞形聚伞花序；苞片 2，线形，长 6～7mm。蒴果，近球形，无毛。种子三棱状卵形，被短毛。

取其花解剖观察，可见花紫红色或粉红色，花冠筒近白色；直径为 4～5cm。花的萼片 5，长椭圆形，外萼片常比内萼片大。花冠漏斗状。雄蕊 5 枚，不等长，着生在花冠管的基部或中部稍下，雄蕊和花柱内藏。雌蕊由 3 心皮合生而成，子房上位，3 室，中轴胎座，每室含胚珠 2 枚；花柱 1，稍长于雄蕊，柱头头状（彩版 7-2）。

（4）经济价值：

①观赏：茑萝 *Quamoclit pennata*（Desr.）Boj.、牵牛花 *Pharbitis nil*（L）

Choisy 等；

②食用：甘薯 *Ipomoea batatas*（L.）Lam.；

③药用：菟丝子 *Cuscuta chinensis* Lam.。

**1.19 紫草科** Boraginaceae

（1）花程式：* ⚥ $K_{(5)}$ $C_{(5)}$ $A_5$ $\underline{G}_{(2:4:1)}$

（2）识别要点：

有刚毛的草本，茎圆。叶互生，聚伞花序。花 5 基数，通常辐射对称；子房 4 深裂。4 小坚果。

本科约 100 属，2 000 种。我国 46 属，200 种。

（3）代表植物：

附地菜 *Trigonotis peduncularis*（Trev.）Benth. ex Baker et Moore：一年生草本。茎通常从基部分枝，被贴伏细毛。单叶，互生，两面被细硬毛；基生叶倒卵状椭圆形或匙形，基部渐狭下延成长柄；茎下部叶与基生叶相似，茎上部叶椭圆状披针形，无柄。花序疏散，具多数腋生的花，仅在基部有2～4个苞片。小坚果，四面体形，被细毛，具短柄，棱尖锐。

解剖其花，可见花小，蓝色，直径为 2mm 左右。花萼 5 裂，裂片椭圆状披针形，被短毛。花冠 5 裂，裂片钝；花冠管短于花萼，喉部黄色，具 5 个鳞片状附属物。雄蕊 5 枚，与花冠互生，着生于花冠筒上，内藏。雌蕊由 2 心皮合生而成，子房上位，4 裂，每室含胚珠 1 枚；花柱着生于子房基部，柱头头状（彩版 7-3）。

（4）经济价值：

①观赏：香水草（洋茉莉）*Heliotropium arborescens* L.、牛舌草 *Anchusa ajurea* Mill. 等；

②药用：紫草 *Lithospermum erythrorhizon* Sieb. et Zucc.（清热凉血、外用治火伤、冻伤）、斑种草 *Bothriospermum chinense* Bge.（全草入药）、聚合草（爱国草）*Symphytum officinale* L. 等；

③饲料：聚合草。

**1.20 唇形科** Labiatae

（1）花程式：↑ ⚥ $K_{(5)}$ $C_{(5)}$ $A_{2+2}$ $\underline{G}_{(2:4:1)}$

（2）识别要点：

草本和灌木，茎方形，有芳香。叶对生。花序腋生或轮生；花 5 基数，两侧对称；雄蕊 2 或 4；子房深 4 裂，花柱基生。4 小坚果。

本科约 220 属，3 500 余种，广布于全世界，我国约有 99 属，800 余种，全国均有分布。

(3) 代表植物：

夏至草 *Lagopsis supina* (Steph.) IK. - Gal. ex Knorr.：多年生草本。茎四棱形，密被微柔毛，分枝。单叶，对生，叶轮廓为半圆形、圆形或倒卵形，掌状3浅裂至3深裂；裂片具疏圆齿，两面密被微柔毛。轮伞花序腋生，具疏花；小苞片弯曲，刺状，密被微柔毛。小坚果，长卵状三棱形，褐色。

解剖其花，可见花小，白色，直径为5mm左右。花萼管状钟形，具5脉，外密被微柔毛；具5齿，近整齐，三角形，先端具浅黄色刺尖。花冠稍伸出于萼筒，外面密被长柔毛，二唇形；上唇长圆形，全缘；下唇3裂，中裂片圆形，侧裂片椭圆形。雄蕊4枚，2强，着生于花冠上，内藏。雌蕊由2心皮合生而成，子房上位，4深裂，4室，每室1胚珠；花柱生于子房基部，先端2浅裂（彩版7-4）。

(4) 经济价值：

①观赏：一串红 *Salvia splendens* Ker. -Gawl.、鼠尾草 *Salvia* sp. 等；

②药用：益母草 *Leonurus japonicus* Houtt.、薄荷 *Mentha haplocalyx* Briq.、紫苏 *Perilla frutescens* (L.) Britt.、藿香 *Agastache rugosa* (Fisch. et Mey.) O. Ktze.、荆芥 *Nepeta cataria* L.、黄芩 *Scutellaria baicalensis* Georgi.、丹参 *Salvia miltiorrhiza* Bge.、活血丹 *Glechoma longituba* (Nakai) Kupr. 等；

③提取香精：留兰香 *Mentha spicata* L.、香薷 *Elsholtzia ciliata* (Thunb.) Hyland、百里香 *Thymus mongolicus* Ronn.、熏衣草 *Lavandula angustifolia* Mill.、薄荷等；

④食用：宝塔菜（甘露子）*Stachys sieboldii* Miq.。

### 1.21　木犀科 Oleaceae

(1) 花程式：* ⚥ $K_{(4)}\ C_{(4)}\ A_2\underline{G}_{(2:2:2-10)}$

(2) 识别要点：

灌木或乔木，有时为攀缘植物。叶对生，无托叶。花4基数；雄蕊2；子房2室，每室通常2粒种子。果为浆果、翅果、蒴果或核果。

本科约230属，600种，广布于热带和温带地区。中国12属，200种。

(3) 代表植物：

连翘 *Forsythia suspensa* (Thunb.) Vahl.：落叶灌木。茎直立或下垂，中空，小枝褐色，稍四棱。叶对生，单叶或3小叶，顶端小叶大，卵形至长圆状卵形，边缘有锐锯齿；具叶柄。花1~6朵腋生，先叶开放。蒴果，狭卵圆形，稍扁，长约2cm，具多数有翅种子。

解剖观察其花，可见花黄色，直径约3cm。花萼4深裂，裂片长椭圆形，长于花冠管。花冠4裂，裂片长圆形，比花冠筒长，内有橘红色条纹。雄蕊2，离生，着生于花冠基部。雌蕊由2心皮合生而成，子房上位，2室，中轴胎座，每室含胚珠多枚；花柱细长，柱头2裂（彩版7-5）。

（4）经济价值：

①观赏：连翘、丁香 *Syringa* sp.、茉莉 *Jasminum sambac*（Soland.）Ait.、雪柳 *Fontanesia fortunei* Carr.、桂花 *Osmanthus fragrans*（Thunb.）Lour.、女贞 *Ligustrum lucidum* Ait.、流苏 *Chionanthus retusus* Lindl. et Paxt.、迎春花 *Jasminum nudiflorum* Lindl.（彩版7-6）等；

②药用：白蜡 *Fraxinus chinensis* Roxb.、丁香、连翘等，如银翘解毒丸；

③用材：水曲柳 *Fraxinus mandschurica* Rupr.、白蜡等可作家具；

④油料：油橄榄（齐墩果）*Olea europacea* L.。

### 1.22 玄参科 Scrophulariaceae

（1）花程式：*；↑ ⚥ $K_{(5-4)}$ $C_{(5-4)}$ $A_{2;4}$ $\underline{G}_{(2:2:\infty)}$

（2）识别要点：

多草本和半灌木，稀乔木，几种为攀缘植物。单叶多互生，无托叶。花5基数，两侧对称；花冠二唇形；雄蕊4，有时具第5个退化雄蕊；子房2室；花柱顶生，胚珠多数。蒴果，稀浆果。

本科共190属，4 000种。我国54属，600种。

（3）代表植物：

地黄 *Rehmannia glutinosa*（Gaertn.）Libosch. ex Fisch. et Mey.：多年生草本。全株密被灰白色或淡褐色长柔毛及腺毛。根状茎肉质肥厚。茎单一或基部分生数枝，紫红色，其上很少有叶片着生。叶通常基生，倒卵形至长椭圆形，边缘具不整齐的钝齿，叶面有皱纹，上面绿色，下面通常淡紫色。花两性，组成顶生总状花序；苞片叶状。蒴果，卵球形，先端具喙；种子多数，卵形，黑褐色。

解剖其花，可见花大，紫红色，直径为1cm左右。花萼钟状，5裂，裂片三角形。花冠筒状而微弯，长3~4cm，外面紫红色，内面黄色有紫斑，下部渐狭，顶部二唇形，上唇2裂反折，下唇3裂片伸直。雄蕊4枚，2强，着生于花冠筒近基部。雌蕊由2心皮合生而成，子房上位，卵形，2室，中轴胎座，花后渐变1室而成侧膜胎座，内含胚珠多枚；花柱细长，柱头2裂，裂片扇形（彩版8-1）。

（4）经济价值：

①观赏：金鱼草 *Antirrhinum majus* L.、泡桐 *Paulownia tomentosa*

(Thunb.) Steud.（彩版 8-2）、荷包花 *Calceolaria crenatiflora* Cav. 等；

②药用：地黄（根茎入药清热凉血，或补血）、北玄参 *Scrophularia buergeriana* Miq.（根入药、解热消炎）、返顾马先蒿 *Pedicularis resupinata* L.、阴行草 *Siphonostegia chinensis* Benth.、毛地黄 *Digitalis purpurea* L. 等；

③用材：泡桐属 *Paulownia* Sieb. et Zucc. 植物。

## 1.23 忍冬科 Caprifoliaceae

（1）花程式：*；↑ ⚥ $K_{(4-5)}$ $C_{(4-5)}$ $A_{4-5}\underline{G}_{(2-5,1-5:1-\infty)}$

（2）识别要点：

灌木，有时为藤本。叶对生。花 4 或 5 基数，上位；花萼与子房愈合；雌蕊多心皮，子房下位。浆果或核果。

本科约 15 属，400 种。我国 12 属，200 种。

（3）代表植物：

锦带花 *Weigela florida* (Bge.) A. DC.：落叶灌木。当年生枝绿色，被短柔毛，小枝细，紫红色，光滑具微棱。单叶，对生，椭圆形至卵状长圆形或倒卵形，边缘有浅锯齿，两面被短柔毛。花两性，1~4 朵顶生于短侧枝上，成伞形花序。蒴果，长圆形，种子多数。

取其花解剖观察，可见花粉红色，直径约 1.5cm。花萼 5 裂，外被疏长毛。花冠漏斗状钟形，外面粉红色，里面灰白色，裂片 5，宽卵形。雄蕊 5，离生，着生于花冠中部，稍超出花冠。雌蕊由 2 心皮合生而成，子房下位，2 室，中轴胎座，每室含胚珠多枚；花柱细长，柱头扁平，2 裂（彩版 8-3）。

（4）经济价值：

①观赏：蝟实 *Kolkwitzia amabilis* Graebn.、锦带花、金银木 *Lonicera maackii* Maxim.（彩版 8-4），海仙花 *Weigela coraeensis* Thunb. 等；

②药用：接骨木 *Sambucus williamsii* Hance.（嫩茎、枝袪风活血、行淤止痛、利尿）、金银花（忍冬）*Lonicera japonica* Thunb.、鸡树条荚蒾 *Viburnum sargentii* Koehne 等；

③种子用油：鸡树条荚蒾（制肥皂或润滑油）；

④提取芳香油：忍冬。

## 1.24 菊科 Compositae，Asteraceae

（1）花程式：↑或* ⚥；♀；♂ $K_{0-\infty}$ $C_{(5)}$ $A_{(5)}\underline{G}_{(2:1:1)}$

（2）识别要点：

多草本。叶多互生，无托叶。具有带总苞的头状花序（同形：完全管状花或完全舌状花；异形：管状花兼有舌状花）；萼片常退化成毛状的冠毛；花冠合生，5 裂；聚药雄蕊 5；子房下位。瘦果。

（3）分布及分类：

本科为种子植物最大的科，约 1 000 属，25 000 ~ 30 000 种，主要产在北温带。我国约 230 属，2 300 多种。通常分为两个亚科：

①管状花亚科：全部管状花或管状花兼有舌状花，植物体常不具乳汁；包括刺儿菜 *Cirsium setosum*（Willd.）Bieb.、菊花 *Chrysanthemum morifolium* Ramat.、向日葵 *Helianthus annuus* L. 等。

②舌状花亚科：完全为舌状花，常具乳汁；包括苦菜 *Ixeris chinensis*（Thunb.）Nakai、苦荬菜 *Ixeris sonchifolia* Hance、鸭葱 *Scorzonera glabra* Rupr.、蒲公英 *Taraxacum mongolicum* Hand. -Mazz. 等。

（4）代表植物：

瓜叶菊 *Cineraria cruenta* Mass. ex L'Hér.：多年生草本。茎直立，多分枝，多少被毛。单叶，互生，叶片卵形至心状三角形，边缘有不规则裂齿，上面绿色，下面有白色绒毛；叶柄长 4 ~ 7cm，基部鞘状。头状花序，直径 3 ~ 5cm，生于枝端，排成伞房状；花序的边缘花舌状，雌性；中央盘花管状，两性；总苞片披针形。瘦果，椭圆形，黑色。

解剖其花，可见舌状花冠紫红、白、蓝各色，长椭圆形，长 2. 5 ~ 3. 5cm，宽 1 ~ 1. 5cm；萼片为冠毛状；雌蕊由 2 心皮合生而成，子房下位，1 室，基底胎座，内含倒生胚珠 1 枚；柱头 2 裂。管状花小，萼片退化为白色的冠毛；花冠筒长约 6mm，顶部 5 裂；雄蕊 5 枚，其花药连合成花药管将花柱部分包围，花丝分离，为聚药雄蕊；雌蕊心皮 2，合生成 1 室子房，子房下位，基底胎座，内含 1 倒生胚珠；花柱 1，柱头 2 裂（彩版 8-5）。

（5）经济价值：

①观赏：万寿菊 *Tagetes erecta* L.、大波斯菊 *Cosmos biplinnatus* Cav.、金盏菊（金盏花）*Calendula officinalis* L.、雏菊 *Bellis perennis* L. 等；

②药用：苍耳 *Xanthium sibiricum* Patrin ex Widd.、茵　蒿 *Artemisia capillaris* Thunb.、旋覆花 *Inula japonica* Thunb.、艾蒿 *Artemisia argyi* Lévl. et Vant.、苍术 *Atractylodes lancea*（Thunb.）DC.、红花 *Carthamus tinoctorius* L.、泽兰 *Eupatorium lindleyanum* DC. 等；

③食用：向日葵 *Helianthus annuus* L.、莴苣（生菜）*Lactuca sativa* L.、甜叶菊（甜菊）*Stevia rebaudiana*（Bertoni）Hosl. Hook、菊芋 *Helianthus tuberosus* L. 等；

④工业：橡胶草 *Taraxacum kok-saghyz* Rodin，产西北一带，可提取

橡胶。

## 2　单子叶植物纲 Monocotyledonea

### 2.1　天南星科 Araceae

（1）花程式：♂ $K_{0,4-8}\ C_0\ A_{1-8}$；　♀ $K_{0,4-8}\ C_0\underline{G}_{(3;2-15:1-\infty:1-\infty)}$

（2）识别要点：

多草本，稀为木质藤本。叶多基生，基部常具膜质鞘。肉穗花序，为1个佛焰苞所包围；花微小，单性或两性。浆果。

本科约115属，2 500种，分布于热带及亚热带。我国35属，206种，主要分布于西南及华南。

（3）代表植物：

马蹄莲 *Zantedeschia aethiopica*（L.）Spr.：多年生草本。具块茎。叶基生；叶片卵形，先端锐尖，基部截形，全缘，鲜绿色；具长柄，上部有棱，下部有鞘。花序柄高出叶；肉穗花序，包于佛焰苞内；花单性，雌雄同株。浆果，短卵圆形，淡黄色；种子倒卵状球形。

取其花解剖观察，可见佛焰苞白色，开张，成花冠状；肉穗花序圆柱形，鲜黄色；上部生雄花，下部生雌花。雌、雄花均无花被，每雄花有离生雄蕊2~3枚；每雌花有心皮3枚，子房1~5室，大部分周围有3枚假雄蕊（彩版8-6）。

（4）经济价值：

①观赏：马蹄莲、龟背竹 *Monstera deliciosa* Liebm.、广东万年青 *Aglaonema modestum* Schott ex Engl. 等；

②药用：一把伞南星 *Arisaema erubescens*（Wall.）Schott.、半夏 *Pinellia ternata*（Thunb.）Breit.、海芋 *Alocasia macrorrhiza*（L.）Schott 等；

③食用：芋头（块茎）*Colocasia esculenta*（L.）Schott。

### 2.2　莎草科 Cyperaceae

（1）花程式：♂；♀；⚥　$P_0\ A_3\underline{G}_{(2-3:1:1)}$

（2）识别要点：

草本。茎常三棱，实心。叶通常3列互生，叶鞘多闭合，无叶舌。花小，单生于颖苞的腋间，排列成很小的穗状花序，叫做小穗，小穗单一或若干枚再排列成头状、圆锥状等花序；花无被或退化成鳞片或刚毛，无浆片。瘦果或小坚果。

本科约70属，4 000种。我国约31属，650余种，分布于全国。

(3) 代表植物：

异穗苔草 *Carex heterostachya* Bge.：多年生草本。具细长根状茎。秆三棱形，高15～33cm，基部包有棕色鞘状叶。基生叶线形，边缘常外卷，具细锯齿。小穗3～4个；顶生小穗雄性，线形；雌小穗侧生，长圆形或卵球形；花密，长1～1.5cm，具短苞。小坚果，具3棱。

取其花解剖观察，可见花单性，无花被。雄花具1枚鳞片，离生雄蕊3枚，鳞片卵状披针形，背部黑褐色。雌花位于鳞片内，包在一枚先出叶形成的果囊中；鳞片卵形，锐尖，背部黑色，中脉和两侧具1条线形赤褐色条纹；果囊卵形或广椭圆形，革质，有光泽，无脉，上部具喙，喙口明显具2齿。雌蕊由3心皮合生组成，子房上位，1室，内含1枚倒生胚珠；柱头3个，羽状，花柱和柱头密生短柔毛（彩版9-1）。

(4) 经济价值：

①食用：荸荠 *Eleocharis tuberosus* Roxb. 等；

②野草：荆三棱 *Scirpus yagara* Ohwi、脉果苔草（翼果苔草）*Carex neurocarpa* Maxim.、香附子 *Cyperus rotundus* L.、乌拉草 *Carex meyeriana* Kunth 等。

**2.3 禾本科** Gramineae，Poaceae

(1) 花程式：♂；♀；⚥ $P_{2-3}\ A_{3;6}\ \underline{G}_{(2-3:1:1)}$

(2) 识别要点：

多草本、秆节明显，通常节间中空。叶两列互生、叶鞘多开口。花序基本单位为小穗。颖果。

小穗：为穗状花序的组成单位，通常由一对颖片包住1朵（如水稻）或多朵（如小麦）小花。

颖片：外颖、内颖，相当于苞片。

小花：通常由外稃、内稃、2枚浆片、1枚雌蕊、3*n*枚雄蕊组成。

外稃：具芒，相当于苞片。

内稃：相当于外轮花被片。

浆片：常肉质透明，相当于内轮花被片。

(3) 分布及分类：

本科是一大科，与人类生活关系密切；约500属，8 000多种。我国220属，1 200余种。分布全国。禾本科分为2个亚科：

①竹亚科 Bambusoideae：木本、叶具短柄。包括各种竹类。

②禾亚科 Agrostidoideae：草本、叶无柄。如早熟禾属 *Poa* L.、臭草属 *Melica* L.。

（4）代表植物：

草地早熟禾 *Poa pratensis* L.：多年生草本。具长而明显的匍匐根状茎。秆丛生或单生，高 50～75cm，具 2～3 节。叶 2 列互生；叶鞘具纵条纹，顶生叶鞘长 13～20cm，比叶片长；叶舌先端截形，长 1～2mm；叶片扁平，先端呈船形，长 6～25cm，宽 2～4mm。圆锥花序，开展，长 13～20cm，宽 2.5～4cm；每节有分枝 3～5 个，细弱，有二次分枝，小枝上生 2～4 个小穗。基部主枝长 5～9cm，下部不生小穗部分长 2.5～4.5cm；小穗柄通常短于小穗；小穗卵圆形，绿色，成熟后草黄色，长 4～6mm，含 2～4 朵花，脱节于颖之上；颖锐尖，具脊，卵圆形或卵状披针形，外颖长 2.5～3mm，通常 1 脉，内颖长 3～4mm，具 3 脉。颖果，纺锤形。

解剖观察其花，可见花两性，外稃锐尖，多少具脊，无芒，纸质，先端较少膜质，5 脉，脊与边脉在中部以下具长柔毛，基盘具长蛛丝状毛；第一外稃长 3～3.5mm；内稃较短于外稃，只最上内稃与外稃等长。雄蕊 3 枚，花丝细长，花药丁字形。雌蕊由 2 心皮合生组成，子房上位，1 室，内含 1 枚倒生胚珠；花柱 2，柱头呈羽毛状（彩版 9-2）。

（5）经济价值：

①食用：玉米 *Zea mays* L.、水稻 *Oryza sativa* L.、小麦 *Triticum aestivum* L.、甘蔗 *Saccharum sinensis* Roxb. 等。①；

②绿化：狗牙根 *Cynodon dactylon*（L.）Pers.、野牛草 *Buchloë dactyloides*（Nutt.）Engelm.、早熟禾 *Poa annua* L. 等；

③药用：白茅 *Imperata cylindrica*（L.）Beauv. var. *major*（Nees）C. E. Hubb、薏苡 *Coix lacryma-jobi* L.、淡竹叶 *Lophantherum gracile* Brongn. 等；

④牧草：鹅观草 *Roegneria kamoji* Ohwi、白羊草 *Bothriochloa ischaemum*（L.）Keng 等；

⑤造纸：芦苇 *Phragmites australis*（Cav.）Trin. ex Steud.、芨芨草属 *Achnatherum* Beaur、竹类；

⑥护堤：大米草 *Spartina anglica* C. E. Hubb.。

### 2.4 百合科 Liliaceae

（1）花程式：$* ⚥ P_{3+3} A_{3+3} \underline{G}_{(3:3:\infty)}$

（2）识别要点：

多年生草本植物，常具各种地下茎（鳞茎、球茎、块茎等）。花常美

① 六谷为稻、粱、菽（豆类）、麦、黍（黄米）、稷（小米）。

丽，辐射对称；萼片 3，花瓣状；花瓣 3；雄蕊 6，花药纵裂；子房上位或下位。蒴果或浆果。

本科约 240 属，4 000 种。我国 60 属，600 种。

（3）代表植物：

百合 *Lilium brownii* F. E. Brown ex Miellez var. *viridulum* Baker.：多年生草本。鳞茎球形，白色，鳞片披针形。茎直立。叶互生，倒披针形或倒卵形，两面无毛，全缘。花两性，单生或 2～3 朵，近平展。蒴果，长圆形，具棱，室背开裂；种子多数，扁平，周围具翅。

解剖观察其花，可见花被片 6 枚，排成两轮，乳白色，外面稍带紫色，具香气；花冠漏斗状，外面稍外弯，基部蜜腺两边具小乳头状突起。雄蕊 6 枚，向上弯，花丝钻形。雌蕊由 3 心皮合生组成，子房圆柱形，上位，3 室，中轴胎座，每室含多枚胚珠；花柱长，柱头膨大，3 裂（彩版 9-3）。

（4）经济价值：

①观赏：百合、山丹 *Lilium pumilum* DC.、萱草 *Hemerocallis fulva*（L.）L.、黄花菜 *Hemerocallis citrina* Baroni.、玉簪 *Hosta plantaginea*（Lam.）Aschers.、郁金香 *Tulipa gesneriana* L.、天门冬属 *Asparagus* L.、文竹 *Asparagu. setaceus*（Kunth）Jessop、风信子 *Hyacinthus orientalis* L.、丝兰 *Yucca smalliana* Fern. 等；

②药用：鳞茎百合（鳞茎润肺止血）、铃兰 *Convallaria majalis* L.、贝母属 *Fritillaria* L.、知母 *Anemarrhena asphodeloides* Bge.、黄精 *Polygonatum sibiricum* Delar. ex Red.、玉竹 *Polygonatum odoratum*（Mill.）Druce、北重楼 *Paris verticillata* M. Bieb.、芦荟属 *Aloe* L.、葱属 *Allium* L.、麦冬（沿阶草）*Ophiopogon japonicus*（L. f.）Ker-Gawl. 等；

③食用：洋葱 *Allium cepa* L.、葱 *Allium fistulosum* L.、蒜 *Allium sativum* L.、黄花菜、百合等。

### 2.5　鸢尾科 Iridaceae

（1）花程式：*；↑ ⚥ $P_6\ A_3\ \underline{G}_{(3:3:\infty)}$

（2）识别要点：

多年生草本。具地下茎（根状茎、鳞茎或球茎）。叶多基生，基部有套折的叶鞘。花单生或成聚伞花序；花被片 6，花瓣状，2 轮；子房下位。蒴果。

本科约 60 属，1 500 种。我国 4 属，6 种，2 变种。

（3）代表植物：

马蔺 *Iris lactea* Pall. var. *chinensis*（Fisch.）Koidz.：多年生草本。根状

茎短而粗壮，红褐色或深褐色。叶基生，线形，扁平，2列，平滑无毛；基部套折状。花两性，单生，由苞片内抽出。蒴果，长圆柱形，具3棱，顶端细长；种子多数，近球形，红褐色，具不规则的棱。

取其花解剖观察，可见花蓝紫色。花被片6枚，外轮3片较大，匙形，先端尖，向外弯曲中部有黄色条纹；内轮3片花被片较小，披针形，直立。雄蕊3枚，贴于弯曲花柱的外侧；花药长，纵裂。雌蕊由3心皮合生组成，子房下位，狭长，3室，中轴胎座，每室具多枚胚珠；花柱3分枝，扩大成花瓣状，蓝色，顶端2裂（彩版9-4）。

（4）经济价值：

①观赏：唐菖蒲属 *Gladiolus* L.、香雪兰属 *Freesia* Klatt.、鸢尾属 *Iris* L.、番红花 *Crocus sativus* L.、马蔺；

②药用：射干 *Belamcanda chinensis*（L.）DC. 根茎具清热解毒、消肿止痛功效。

## 2.6　兰科 Orchidaceae

（1）花程式：↑ ⚥ $K_3\ C_{2+1}\ A_{1-2}\underline{G}_{(3:1:\infty)}$

（2）识别要点：

多年生草本。陆生、腐生或附生。常具根状茎或块茎。叶互生或退化成鳞片。花3基数，两侧对称；外轮3片萼片状，内轮3片花瓣状，由2侧瓣和1唇瓣组成；雄蕊2枚或1枚，与花柱、柱头合生成合蕊柱，与唇瓣对生；子房下位，侧膜胎座。蒴果。

本科约1 000属，20 000种，广布全球。我国145属，1 000余种，分布于西南、华南、台湾。

（3）代表植物：

白芨 *Bletilla striata*（Thunb.）Rchb.：多年生陆生草本。假鳞茎块状。叶近基生，披针形至长椭圆形，多纵皱，无毛；叶无柄，基部具鞘状，环抱茎上。花两性，4～10朵组成顶生总状花序，花序轴常曲折成“之”字状；苞片长圆状披针形，带红色，早落。蒴果，圆柱形，具6条纵棱，顶端细长；种子多数，细小。

解剖观察其花，可见花较大，紫红色。花被片6枚，排成2轮；中萼片和两侧花瓣近椭圆形，侧萼片近披针形，镰刀状弯曲；唇瓣倒卵状椭圆形，3裂，具5条纵褶片，从基部伸至近顶端；中裂片宽椭圆形，先端钝，边缘皱波状；侧裂片耳状，向两侧伸展，卵形或三角形，内抱合蕊柱；合蕊柱两侧具翅，稍弓曲。雄蕊1枚，花粉粘连成花粉块，花粉块8，成4对，黄色。雌蕊由3心皮合生组成，子房下位，1室，侧膜胎座，每室具胚珠多枚

(彩版 9-5)。

(4) 经济价值:

①观赏:蝴蝶兰 *Phalaenopsis amablilis* Bl.、蕙兰 *Cymbidium faberi* Rolfe.、建兰 *Cymbidium ensifolium* (L.) SW.、墨兰 *Cymbidium sinense* (Andr.) Willd.、兜兰 *Paphiopedilum purpuratum* (Lindl.) Pfitz.、杓兰 *Cypripedium calceolus* L. 等;

②药用:扇脉杓兰 *Cypripedium japonicum* Thunb.(根、全草:祛风,解毒,活血)、石斛 *Dendrobium nobile* Lindl.(茎入药,养阴、滋补、除热)、羊耳蒜 *Liparis japonica* (Miq.) Maxim.(全草入药,活血、调经、止痛、强心)、天麻 *Gastrodia elata* Bl.(块茎)、手参 *Gymnadenia conopsea* (L.) R. Br.(块茎治疗神经衰弱、慢性出血)、白芨(块茎)等;

③香精:可以从香子兰 *Vanilla planifolia* Andr. 果壳中提取梵尼拉香精用于食品、香烟。

## 【思考题】

1. 解剖观察每科代表植物后,写出其花程式,并查检索表,写出检索路线及鉴定结果。

# 附录1　普通光学显微镜和实体解剖镜的构造与使用

显微镜（图1、图2）和实体解剖镜（图14）是学生开展植物学实验、研究植物细胞、组织、器官的结构、功能、特点的重要且不可取代的工具。实验室常用的复式光学显微镜最高放大倍数可达1 250倍，是植物形态、解剖实验最常用的显微镜。实体解剖镜一般最高放大倍数可达50倍，是植物分类学习中进行花器官解剖观察、鉴定、检索植物的重要工具。

掌握好显微镜和实体解剖镜的构造特点并能够熟练使用是做好植物学实验，学好植物学知识的重要环节。

图1　光学显微镜正面观

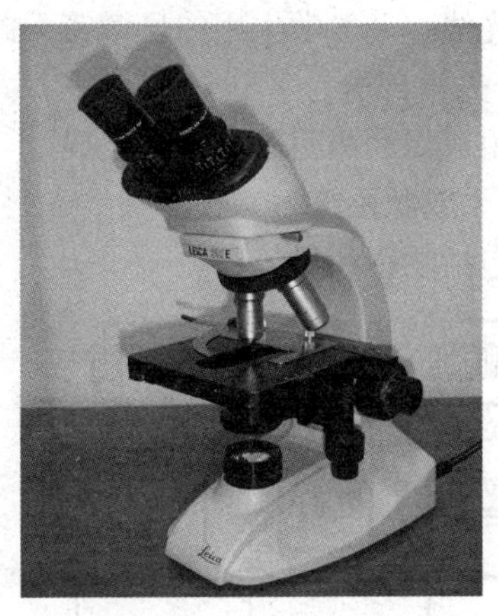

图2　光学显微镜侧面观

## 1　显微镜的构造

光学显微镜的有效放大倍数可达1 250倍，分辨力很高，它最高分辨力为0.2μm（1μm＝1/1 000mm）。无论单筒还是双筒镜，基本构造都包括两大部分，即：成像的光学系统和用以装置光学系统的机械部分。

### 1.1　机械部分：

（1）镜座：显微镜的底座，支持整个镜体。

（2）镜柱：镜座上面直立的短柱，支持镜体上部的各部分。

（3）镜臂：是取放镜体时手握的部位。

（4）镜筒：一般是160～170mm，它的作用是保证成像的光路与亮度。

其上端放置目镜，下端与物镜转换器相连。

（5）物镜转换器：是安装物镜的部位，可自由转动。当旋转转换器时，物镜即可固定在使用的位置上，保证物镜与目镜的光线合轴。

（6）载物台：是放置玻片标本的平台，中央有一圆孔，以通过光线，其上有压片夹可固定玻片标本。其下部装有切片推进器，扭动其上的操纵钮，可使玻片前后、左右移动。

（7）调焦装置：调焦的过程实际上就是调节物镜与标本之间的距离，即使之等于物镜的工作距离，此时才能得到清晰的物像。在镜臂两侧各有一对粗、细调焦螺旋。调节粗调时，镜筒的升降距离大，旋转一周可使镜筒移动 2mm 左右。调节细调焦螺旋时，镜筒的升降距离很小，使用细调时要小心，转动的幅度不能超过 180°。

（8）聚光器调节螺旋：在镜柱的一侧，旋转时可使聚光器上下移动，调节光线，一般学生用的显微镜无此装置。

## 1.2 光学部分

由成像和照明两个系统组成。

### 1.2.1 成像系统

包括物镜和目镜。

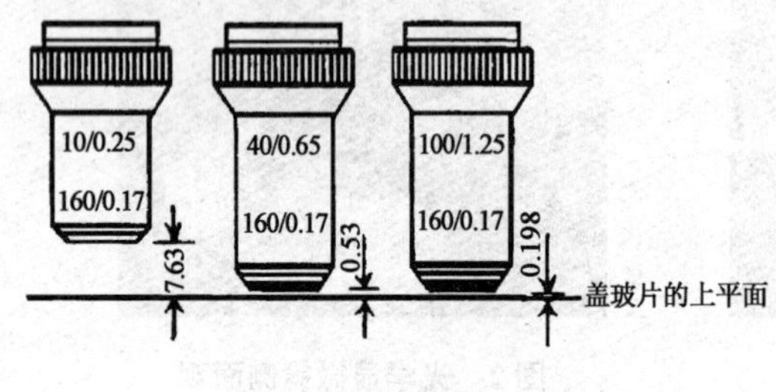


图3 工作距离示意图

（1）物镜：一般有低倍镜（4×、10×、20×）、高倍镜（40×、45×）和油镜（90×、100×）三级不同放大倍数的物镜，是决定显微镜质量的最重要部件。物镜上刻有放大倍数和数值孔径（N.A），即镜口率。物镜的放大倍数愈高，其镜口率数值越大，它的工作距离愈小。N.A 的值越大，分辨能力越高。分辨力指分辨被检物体细微结构的能力，也就是判别标本两点之间的最短距离的本领，即镜口率越大，物镜的分辨力越好，质量越高。物镜的作用是将被检物作第一次放大。物镜工作距离指的是物镜最下面透镜的表面与盖玻片上表面之间的距离（图3）。调焦实际上就是调整物镜工作距离的过程。

注：不同的显微镜型号、结构上有所区别。有的显微镜是载物台不动，调焦时通过镜筒的上下移动调整物镜的工作距离。目前实验室多用的是镜筒不动，依靠载物台的上下移动调整物镜的工作距离。

(2) 目镜：可根据需要选用5×、10×、12×，它的作用是使物镜所成的像进一步放大。

### 1.2.2 照明系统

包括反光镜和聚光器。

(1) 反光镜：是一具有转动关节的圆形的双面镜。一面是平面（能反光），另一面是凹面（有反光和汇集光线作用）。通过转动的关节，选择不同的镜面对准光源，将光线反射汇集到聚光器。通常，光束较弱时，用凹面，光较强时，用平面。

(2) 聚光器：装在载物台下，由聚光镜（几个凸透镜组成）和虹彩光圈（可变光栏，通过拨动操纵杆，使光圈扩大或缩小，借以调节通光量）等组成。二者共同作用的结果，使平行的光线汇集成束，集中在一点，以增强被检物的照明。当使用低倍镜时视野范围大，应下降聚光器；如用高倍镜时，视野范围小，则需上升聚光器。

## 2 显微镜的成像原理

显微镜的成像系统由目镜和物镜组成。目镜和物镜各由若干个透镜组成，但也可看成是一个凸透镜。平行的光线自反光镜面上折入聚光器，经聚光器集中，向上透过实验标本（透明的标本），进入物镜，经物镜放大在目镜的焦点平面上形成一个倒立的实像，人眼通过目镜再将这一实像放大，最后得到与物镜放大的实像方向一致而与标本原来方向相反的虚像（图4）。标本的总放大倍数为目镜放大倍数与物镜放大倍数的乘积。

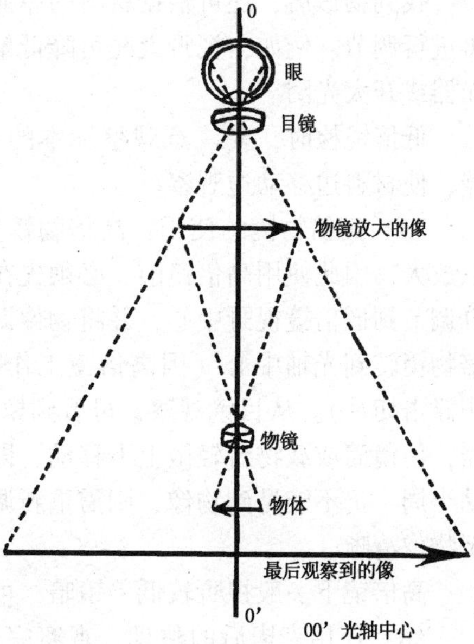

图4 成像原理

## 3 显微镜的使用方法

(1) 显微镜的安置：由镜箱取显微镜时，应右手持镜臂，左手平托镜座，保持镜体直立（切忌歪斜或单手提），轻放在实验桌上，座位的左前方，镜臂向桌边。镜座离桌边5～6cm，便于观察和防止摔落。

（2）对光：转动物镜转换器使低倍物镜对准载物台通光孔（转动镜头转换器时，不要用手指推动物镜，以免长期错误操作造成光轴偏斜），将聚光器上升到它的上端透镜平面稍稍低于载物台平面高度，并将虹彩光圈开到最大，然后调整反光镜的方向，同时眼睛对准目镜观察，调节到视野内光线均匀，明亮，不刺眼。

（3）放置切片：升高镜筒（或降低载物台），将切片放置于载物台上，用压片夹夹好。使用切片推进器，使材料对准载物台通光孔。

（4）低倍镜检观察：用显微镜观察时，必须先使用低倍物镜。用左手转动粗调焦螺旋，两眼从侧面观察镜筒，使镜筒下降或载物台上升到距镜头3～5mm处，然后用眼从目镜中观察，并同时逆时针转动粗调焦器，使镜筒上升或载物台缓慢下降，直到视野中出现清晰的物像为止。如一次调节看不到物像，应重新检查材料是否放在光轴线上，重新移正材料，再重复上述操作过程至物像出现和清晰为止。

找到物像后，还可根据材料的厚薄、性质，成像的反差强弱是否合适等再进行调节。例如，视野太亮可降低聚光器或缩小虹彩光圈，反之则升高聚光器或开大光圈。

低倍镜检时，要注意观察标本的全貌，如材料太大，应转动切片推进器，使材料边移动边观察。

（5）高倍物镜的使用：高倍物镜只是把低倍镜视野中心的一小部分加以放大，因此使用高倍镜前，必须先在低倍镜下把需要进一步放大观察的部分调节到低倍镜视野中心，并将物像调节清晰。轻轻转动物镜转换器，使高倍物镜转到光轴中心（因高倍镜工作距离很短，操作要十分仔细，以防镜头碰击切片）。从目镜观察，可看到模糊的物像。此时只须前后转动细调焦器，使镜筒或载物台轻微上下移动，即可看到清晰物像。如细调焦器前后转动半周，仍不能见到物像，则需重新调节低倍镜的焦距，再换细调焦螺旋直至物像清晰。

高倍镜下一般视野较低倍镜暗，可开大光圈以提高亮度。

（6）使用完毕后的整理：观察完毕，转动粗调焦器使镜筒上升或载物台下降至可取下切片时，拨开压片夹，取下切片，注意勿使切片触及镜头。切片取下后，将镜头转离光轴，使两个物镜位于载物台圆孔两侧，将反光镜还原放置于正中，并使其与桌面垂直，以减少尘土直接落在镜面上，将镜身金属部分上的灰尘、水汽等用清洁的软布轻轻擦净，罩上防尘罩，放回镜箱。

## 4 显微镜使用时的注意事项

显微镜是贵重的精密仪器，使用时应严格按要求操作，注意下列各点：

（1）取拿显微镜时，应注意安全，右手紧握镜臂，左手托住镜座，镜身不要倾斜以避免目镜和反光镜滑出摔落。取放时应轻拿轻放，防止猛力震动造成光轴偏斜等损坏。

（2）要保持显微镜的绝对清洁，特别要注意防尘、防潮、防化学药品浸染等。因此，使用时不要将尘土、水、试剂等弄污镜身，特别不能污染玻璃透镜。

（3）不要随便取下镜头，以免尘土落入镜头内。不许随意调换或拆卸镜头及其他附件。如遇故障，应报告老师解决。

（4）清洁显微镜时，可用软布轻擦镜身，光学透镜部分一般不要摸揩，如确有灰尘或其他污物，应先用细软的毛刷将灰尘等轻轻拂去，然后用擦镜纸蘸镜头清洗剂按透镜的直径方向轻擦，切忌带有尘土就用力擦，这样会造成尘粒磨损透镜，造成不可弥补的损坏。

（5）按操作要求使用显微镜，要先对光后观察，先低倍后高倍，正确使用粗细调焦器。只有正确协调各部分，才能发挥显微镜的最大性能。

（6）因特殊需要使用油镜时，需先用40倍镜调整好焦距，将需放大的部分放在视野中央，在盖玻片上滴上一滴香柏油，再将油镜头对准玻片和通光孔。轻轻调动细调焦螺旋，使像清晰（切忌此时使用粗调焦螺旋）。观察后，立即用棉棒或擦镜纸蘸镜头清洗剂擦拭镜头和玻片表面。

# 附录 2　植物显微制图方法

在植物研究中，可用照相、显微照相及绘图的方法来记述表达植物形态构造的特征，绘图是最基本的常用方法。因此，必须学习掌握绘图的方法。常绘的有结构细胞图和简图两种，请看示例（图 5、图 6、图 7、图 8）。

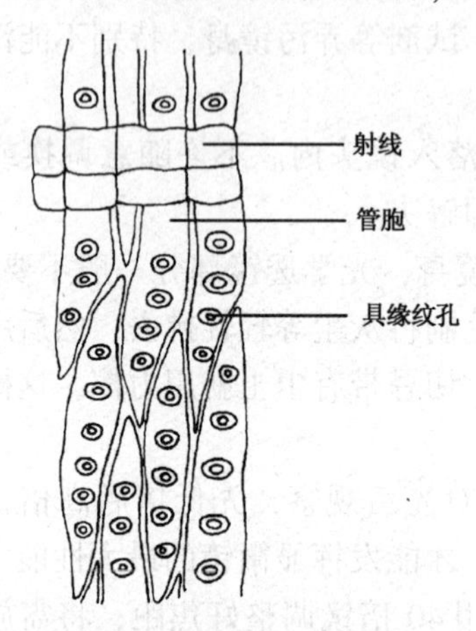


图 5　松木材径切面简图

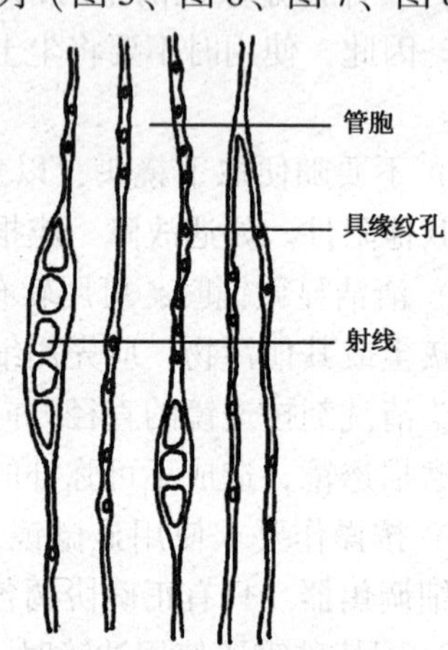


图 6　松木材弦切面简图

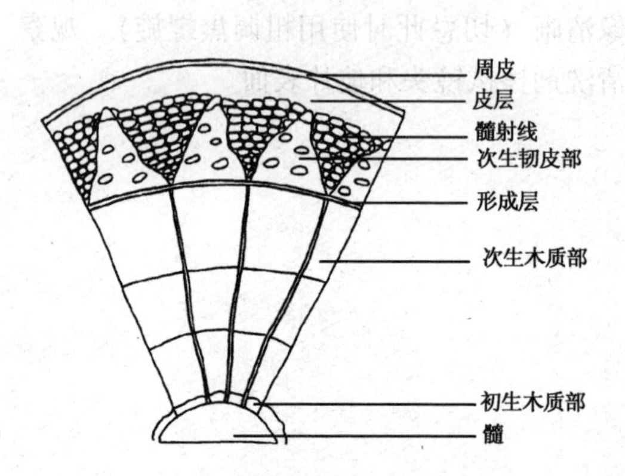


图 7　椴树茎次生构造简图

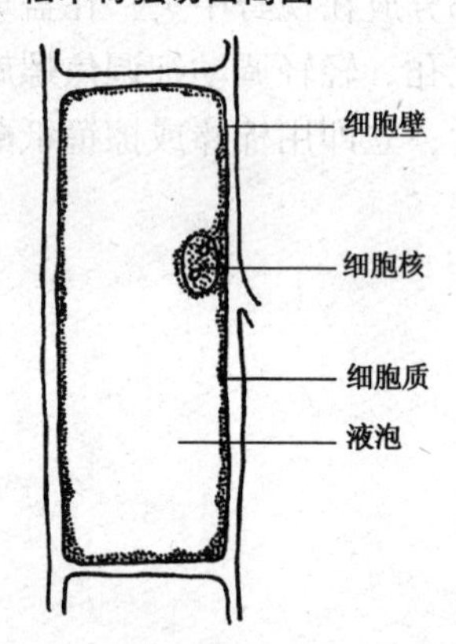


图 8　洋葱细胞图

用具：2H 铅笔、橡皮、铅笔刀、绘图纸、小尺子。

（1）根据要求，在图纸上合理布局安排所要绘的图。

（2）选择正常的典型的材料绘图，正确反映实物特征。

（3）用明显清晰的单线表示物像，线条要光滑，粗细均匀，接头处无痕迹。内含物用圆点表示，圆点的稀密可表示物体的质地差异，注意打圆点，不能将圆点绘成短线或逗点。

（4）图绘好后，用橡皮轻轻擦去多余、重叠的线条，在图的右方用平行的实线标出图注，图的下方标示图的标题及放大倍数。

（5）要求图纸清洁，字迹工整。

# 附录 3　显微镜测微尺的使用

显微测量：是在显微镜下对被观察细胞的长度、宽度或密度等进行测量。如导管或纤维的长度、宽度，气孔的长度、宽度或在叶表面分布的密度。

测微尺：是显微测量时必备的一个显微镜的附属工具。包括一个台式测微尺（物镜测微尺），一个目镜测微尺。

（1）台式测微尺：是一特殊的载玻片，中央有一个具有刻度的标尺，全长为 1mm，共分成 100 小格，每个小格长 0.01mm，即 10μm（图 9）。

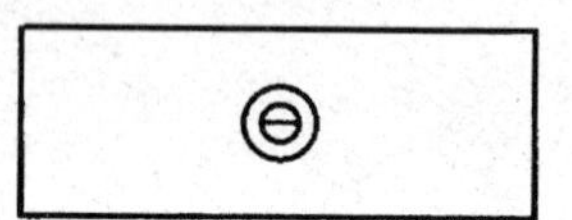

图 9　台式测微尺

（2）目镜测微尺：是放在目镜内的一种标尺，为一块圆形玻璃片，上面为一直线，共分为 100 个格，但每个格的长度因观察时的条件不同而有所变化，因此在测量前，需用台式测微尺来校准目镜测微尺每格的实际长度（图 10）。

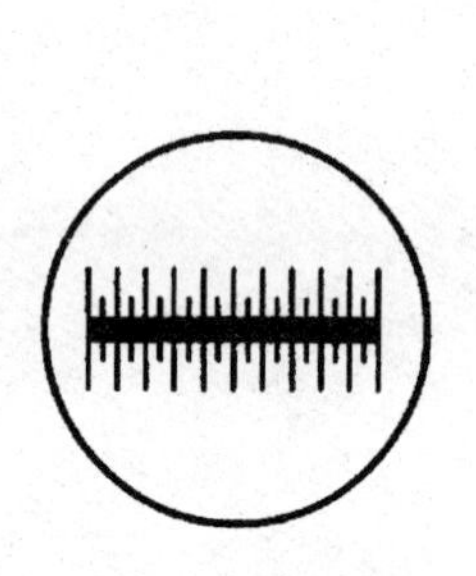

图 10　目镜测微尺

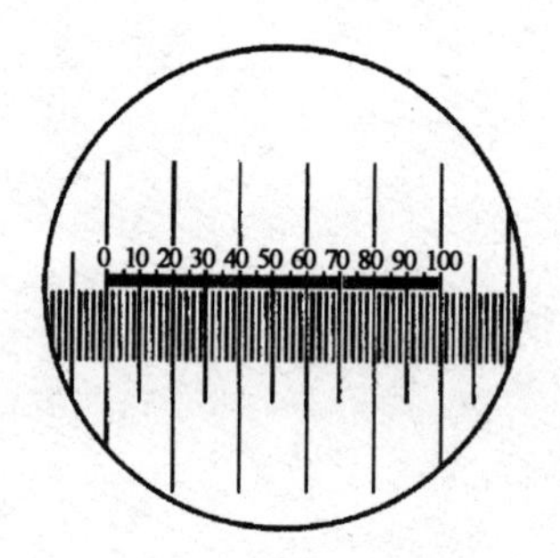


图 11　测定目镜测微尺每格的实际长度

具体操作方法：在显微镜下，将 2 个测微尺的 0 点对齐，然后再选 1 ~ 2 个重合点，记录下二者的格数，再利用台式测微尺已知线段的长度进行计算（图 11）。

$$\text{目镜测微尺每格长度} = \frac{\text{重合点的台式测微尺格数} \times 10\mu m}{\text{重合点的目镜测微尺的格数}}$$

# 附录4 研究用显微镜的简单介绍

## 1 暗视野显微镜

暗视野显微镜（Dark Field Microscope）：是实验室常用来观察生活细胞中的细小颗粒或单细胞藻类、细菌等的存在、运动和形态特征的一种较为特殊的显微镜。它的成像原理是通过一个特殊的聚光器使光线只从侧面照射材料，而不使光线直射入镜筒达于人眼，因此视野是黑暗的，材料由于是侧面光线照射而成为明亮的。该方法可比普通光学显微镜分辨出更细微的形态特征，但无法辨别内部构造。

## 2 相差显微镜

相差显微镜（Phase Contrast Microscope）：可以用来观察未经染色的活体或透明组织的显微结构，依此可以解决一些经染色会变形或死亡的生物样品的活体观察问题，如生长中的花粉管。它的原理是：①在聚光器底部放置一环状光栏或相差环，依物镜不同的镜口率配有大小不同的环。②在物镜的焦点处插入一适宜的相差板。通过衍射光与直射光的相位修正，使两种光产生干涉作用，造成光暗程度的不同，产生一个使肉眼可以看到的影像。

## 3 荧光显微镜

荧光显微镜（Fluorescence Microscope）：可对某些生物样品的自发荧光（如叶绿体的红色荧光）或经荧光染料染色后，发出的特殊颜色的二次荧光进行观察的研究用显微镜。近年来在免疫荧光定位及转基因荧光检测等方面有着重要的意义。荧光显微镜配有高压汞灯和由激发滤光片、阻挡滤光及二向性分光镜装嵌成的不同组合。聚光器将从汞灯发出的强光透过激发滤光片，透射所需要的较短波长的

图12 荧光显微镜

激发光。较短波长的激发光，被二向性分光镜折射，经过物镜落射在样本上。样本上的荧光物受激发光激发，产生波长较长的荧光（可见光）反射至物镜放大。荧光通过二向性分光镜直达目镜再度放大，形成影像。荧光显微镜一般采用落射荧光照明法，并与普通光透射照明相配合一齐使用，对产生荧光组织的定位提供便利（图12）。

## 4　激发光聚焦扫描显微镜

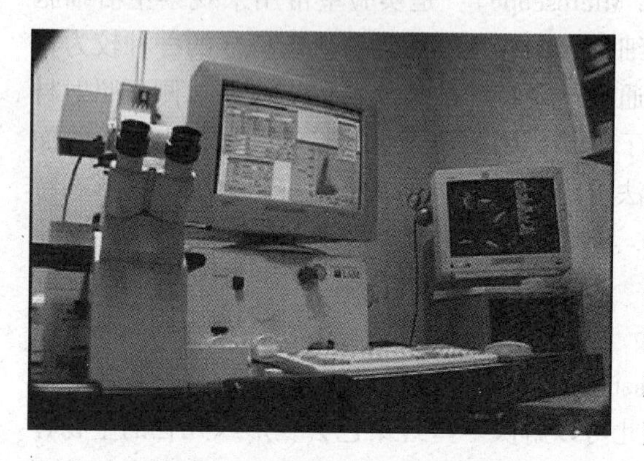

图13　激光共聚焦扫描显微镜

激发光聚焦扫描显微镜（Confocal Laser Scanning Microscope）：是20世纪80年代诞生的新型显微镜。它以激光作为光源，在传统光学显微镜基础上采用共轭聚焦原理和装置，并利用计算机对所观察的对象进行数学图像处理的一套观察、分析和输出系统。它可对观察样品进行断层扫描和成像；可以无损伤地观察和分析细胞的三维空间结构，也是活细胞的动态观察、多重免疫荧光标记和离子荧光标记观察的有力工具。已广泛用于细胞生物学、分子生物学、遗传学、植物学、病毒学等多学科的研究（图13）。

## 5　实体解剖镜

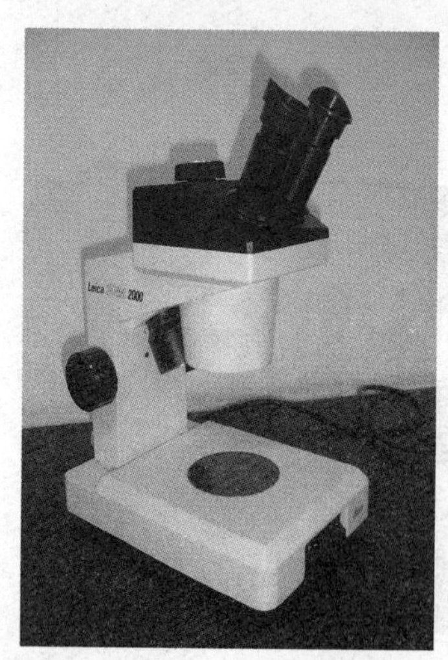

图14　实体解剖镜

实体解剖镜（Stereo Microscope，又可称为体视显微镜）：可利用自然光或灯光做光源，也可自带光源，光从标本的下方透过标本进入镜头，是植物分类学中解剖茎、叶、花等器官必备的工具。因其焦深较大，观察时可在显微镜下解剖操作。体视显微镜也有目镜和一组可连续变倍的物镜（0.7－4×），优点是立体感强，真实（图14）。

## 6　电子显微镜

电子显微镜（Electron Microscope）：主要有两类。

（1）透射电子显微镜（Transmission Electron Microscope）：是研究生物样品超微结构的重要工具，在电镜细胞化学、免疫定位方面也有着重要的用途。与光学显微镜的最大不同是利用电子束代替可见光进行照射和成像，用特殊的电极和磁极作为透镜代替玻璃透镜。它的成像原理是由于电子束与样品原子产生碰撞，形成散射，由于样品不同部位、成分等对电子散射程度的差异造成不同电子密度而形成的像可通过荧光屏成为可见的图像。电镜的分辨力很高，其最佳分辨率可达0.1～0.2nm，放大倍数可达$150\times10^4$倍（图15）。

（2）扫描电子显微镜（Scanning Electron Microscope）：该类显微镜是利用电子束在样品表面扫描，然后将样品表面产生的“次生电子”进行收集放大后在荧光屏上呈现样品的影像。该类显微镜主要用于生物样品（花粉、叶片、木材等）的表面或断面超微结构特征的分析研究，其分辨能力不如透射电镜，放大倍数也比较局限，但其特点是立体感强（图16）。

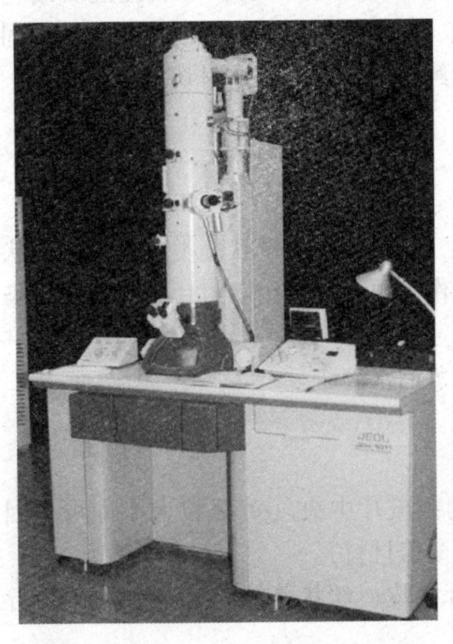


图15 JEM－1011透射电子显微镜

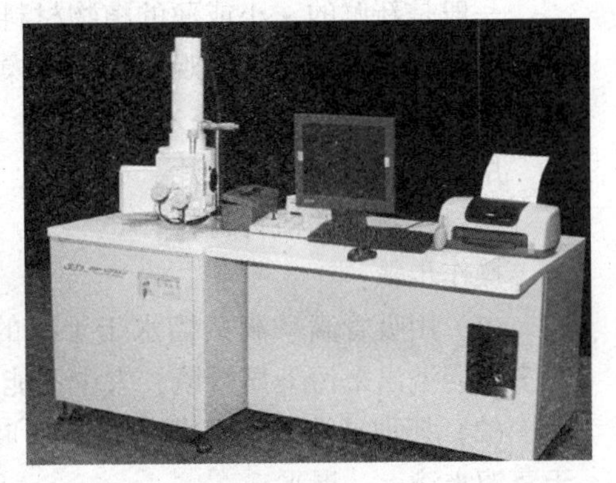

图16 JEOL扫描电子显微镜

# 附录5 植物的一般制片技术

掌握植物实验中一般的制片技术是研究植物细胞、组织和器官结构所必需的。用于显微观察的生物样品必须是薄、均匀且能透过光线的。因此进行实验观察必须根据实验目的和材料，恰当地选择合适的方法制片，以达到理想的观察效果。如单细胞的藻类或丝状体及很薄的叶状体，直接用水整体封片就可以用于观察。如花粉或根尖较柔软易分离的组织，经过一定处理，直接用涂片法或压片法也可获得好的观察效果。而大的组织块，如根、茎、叶等可用徒手切片，或经过一定处理用切片机切片。总之，制片的方法很多，一般分为临时和永久制片两类，临时制片不能永久保存，只用于临时观察用，因此制片方法比较简单，包括装片、徒手切片、涂片和压片。永久制片因为要永久保存，因此对制片的要求比较高。根据需要，样品经过石蜡包埋，石蜡切片机切片，再经一系列染色、脱水等程序，最终制成用树胶封固的切片，可永久保存。木材切片可用新鲜材料，直接上木材切片机切片。

## 1 临时制片

### 1.1 整体装片法

一般是新鲜的，小或薄的植物材料，如单细胞、丝状藻类或是薄的片状体、叶片等。只用于临时观察，因此操作简单，直接用水封片或滴加少量染色试剂（图17）。

用具：载玻片、盖玻片、小镊子、蒸馏水滴瓶

材料：新鲜的植物材料

操作步骤：

（1）用吸管滴一滴蒸馏水于干净的载玻片中央（黄豆粒大小即可，因为多了会溢出来污染显微镜，太少不能覆盖材料）。

（2）撕取或摘取小且薄的材料（叶表皮、丝状藻体或整个薄叶片）置于蒸馏水滴上，展平。

（3）右手用小镊子夹住盖玻片的一边，以盖玻片另一边先接触水滴并用左手拿一根解剖针顶住盖玻片的这一边，然后再将盖玻片慢慢放下，将材料覆盖住，动作不能太快，以免有气泡产生影响观察。切忌用手拿盖玻片自上而下覆盖材料。如需染色，可从盖玻片一侧滴1～2滴染剂，用吸水滤纸从盖玻片另一侧将染液吸到盖玻片内，也可直接用染色液封片。

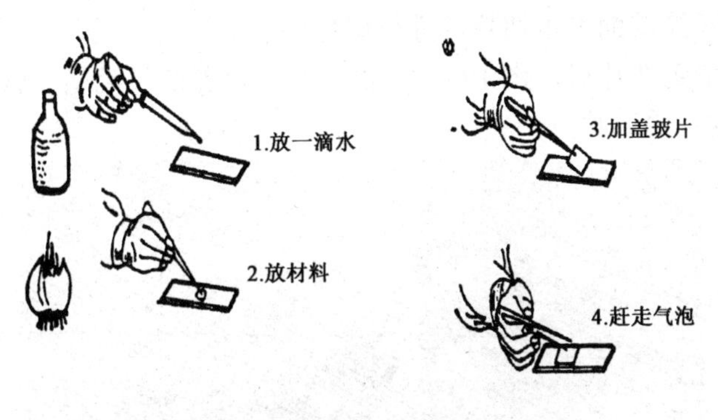


图17　临时装片制作

图18　徒手切片操作

## 1.2　徒手切片法

新鲜植物叶片或幼茎、幼根等材料可借助剃刀或锋利的双面刀片将材料切成厚约5～25μm的薄片，直接封片即可观察，是一种简便且实用的制片方法（图18）。

用具：剃刀或刀片、培养皿、毛笔、小镊子、载玻片、盖玻片、蒸馏水滴瓶

操作步骤：

（1）将材料先切成2～3cm长的块或卷成筒状（叶子），截面积不超过5mm$^2$，用土豆块茎或胡萝卜根做夹持物，夹紧材料。

（2）用左手三个指头持材料，使材料略高于食指，用右手持刀（切前用清水湿润，起润滑作用），将刀平贴于左手指上，刀口向内，与材料断面平行，以大臂带动小臂向后拉，使刀从前方至后方快速滑动切片，动作要敏捷用力（但手腕不必用力）。

（3）连续切数刀后，用毛笔蘸水轻轻将薄片移入盛水的培养皿中。

（4）用毛笔从培养皿中挑选薄而透明的切片，放于干净的载玻片中制成临时装片以备观察，如需要也可滴加染色液稍加着色，如番红。

## 1.3　滑走切片法

一般对已发生木质化的新鲜枝条、根段或坚硬的木块进行临时观察时，

因材料太硬只能借助滑走切片机进行切片。

用具：滑走切片机（图 19），单面刀片、培养皿、毛笔、软木块（带凹槽）、载玻片、盖玻片

图 19 滑走切片机（木材切片机）

操作步骤：

（1）先将新鲜材料用单面刀切片截成 3cm 左右的小段（直径 < 1cm），根据需要，材料可直接上切片机，也可先用 FAA 固定 6～24h。如材料太硬则最好转入软化剂中进行软化处理，也可用水煮软化并排气。

（2）将修好的材料夹于带凹槽的软木中间，放在载物台上夹紧。材料要高出软木块 0.5cm 左右。

（3）将切片刀固定在切片机的刀架上，调整好刀的角度。

（4）小心将切片机的夹物装置移至刀下面，调整好材料与刀的位置和高度，使刀刃紧贴材料的切面，并使二者处于平行关系。

（5）调整切片机厚度调节装置，使之达到切片要求的厚度。

（6）切片时用刀要均匀（滑走切片机型号不同结构也有所不同，有的是刀不动，载物台前后移动；有的则是载物台不动，刀要前后移动）。

（7）用毛笔蘸水轻轻将切片从刀上取下放入盛水的培养皿中备用。

（8）切片可按徒手切片法的方法将切片制成临时装片观察，也可将切片经染色、系列酒精脱水、复染、脱水透明，最后用光学树脂封片制成永久切片。

## 1.4 涂布法

多用于观察花药发育的时期，由于花药组织比较幼嫩，该方法比较简

单。可直接用镊子将要检查的花药取下，在干净的载玻片上进行涂抹，使花药中的细胞分散开，成一薄层，然后滴上一滴醋酸洋红染液，稍稍加热盖上盖玻片制成临时装片即可观察。

## 1.5　压片法

该方法与涂布法有相似之处，都是将材料在载玻片上涂布或压成一薄层，再经染色进行观察，但该方法不能直接压片，必须经过解离或软化处理后才能压片。一般用于根尖或茎尖有丝分裂相或染色体数目的观察。因此还应进行预处理、固定、解离、染色等步骤。

用具：称量瓶、双面刀片、卡诺氏固定液或FAA固定液、饱和的对二氯代苯（或秋水仙素、8－羟基奎宁）、离析液（1mol/L HCl）

步骤：

（1）取材：用双面刀片取幼嫩根尖或茎尖2～3mm。

（2）预处理：材料放入对二氯代苯中预处理半小时左右（视材料不同而异）

（3）固定：用卡诺氏固定液固定半小时左右（也要视材料而异，如暂不往下进行可固定后换70%酒精中过夜保存或冰箱中较长期保存），固定后在离析前用50%酒精和蒸馏水漂洗一下。

（4）解离：用离析液处理使材料的胞间层破坏，便于压片。如用1mol/L HCl，则在60℃水浴中软化5min左右，时间视材料不同而异。

注：也可用固定离析液（6mol/L HCl＋95%酒精等量混合）一次性处理5～20min左右。视材料不同，可做必要的调整，最长不超过30min。

（5）染色：用龙胆紫或改良的卡宝染色，时间视材料不同而定，一般为2～10min。

（6）压片：将经染色、软化离析好的材料放于干净的载玻片上，滴上一滴蒸馏水，盖上盖玻片，用大拇指对准材料处轻压或用橡皮头敲击，使细胞分散成一薄层，用于镜检。

对于效果好的片子，可经冷冻干燥，揭开盖玻片，自然干燥后滴加光学树脂胶封片制成永久制片。

## 1.6　离析法

多用于植物器官、组织中组成成分特征的观察，因此需要用特殊的化学试剂处理材料，使细胞间的胞间层溶解，细胞彼此离散，便于观察组织中各种成分的情况。如各种不同树木的木材成分分析，该方法的最大优点是可以得到完整的不同类型的细胞，如导管、纤维、木薄壁细胞、管胞等。

工具：小广口瓶、刀片、离析液（木本用铬酸－硝酸离析液，草本用盐酸－草酸铵离析液）、温箱。

操作步骤：

（1）用刀片将材料切成长 1.5～2cm、火柴棍粗细的细条，放入小广口瓶中。

（2）加入离析液（材料的 10～20 倍），盖紧瓶盖，放 30～40℃温箱中 1～2 天，如 2 天后仍未散开则需更换新的离析液并继续在温箱中放置直到材料完全散开。

（3）移去离析液，用清水洗 1～2 次，换 50% 或 70% 酒精中保存备用。

## 2 永久制片

该种切片是用光学树脂胶封片的，可永久保存，因此制片过程中，对切片要经过复水、染色、脱水、透明等步骤。根据材料的软硬不同，永久制片又可分为木材切片和石蜡切片两种不同的制片方法。

### 2.1 木材切片

将新鲜材料或经固定（FAA 固定液）的材料，用木材切片机切成 10～30μm 的薄片，然后经 1% 番红染色（1～12h），再经从 50%→95% 系列梯度酒精脱水（每级 0.5～1min），再经 1% 固绿（95% 酒精作溶剂）复染 1～3min，再经 100% 酒精、1/2 二甲苯 1/2 纯酒、二甲苯的脱水透明，最后将切片放在干净的载玻片上，滴加光学树脂胶盖上盖玻片封片。

### 2.2 石蜡切片

如需对根尖、茎尖、花药、子房等植物材料的内部结构或发育特征进行观察研究时，不能直接上切片机切片，需将材料包于石蜡中，再用石蜡切片机切片。在制作过程中先进行材料的固定、脱水、浸蜡、包埋、切片、贴片，贴好的片子还要进行脱蜡、复水、染色、脱水透明等过程才能最后用光学树脂胶封片。制作过程比较复杂。

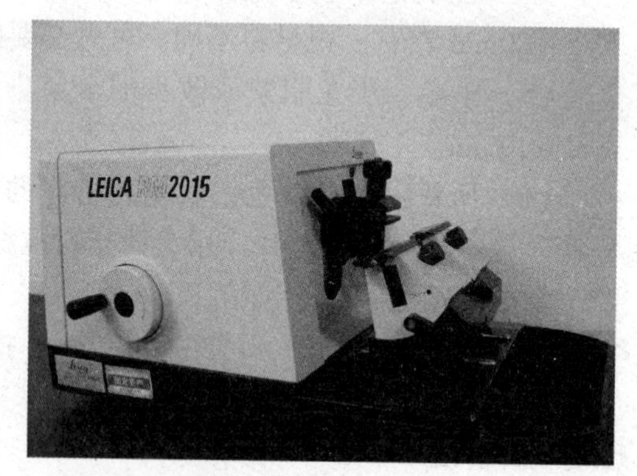


图 20 石蜡切片机

用具与试剂：切片机、青霉素小瓶、蜡碗、包埋盒，38℃、60℃温箱，纯蜡、载玻片、盖玻片、染色缸、系列酒精、染色液（如番红、固绿）、二甲苯、光学树脂胶等、坩埚或小磁杯。

操作步骤：

(1) 固定抽气：用FAA或卡诺氏固定液固定材料（$5mm^3$左右），固定时间4～12h（FAA也可作保存液），固定后马上用抽气泵或针管将材料中的气体抽出，便于固定液迅速进入组织细胞。

(2)（70%～100%）系列酒精脱水：每级间隔2h。

(3) 透明：经1/2二甲苯1/2纯酒2h过渡后，在二甲苯中透明2h。

(4) 浸蜡：将材料转入小坩埚或磁杯，放入1/2二甲苯1/2蜡屑，在38℃温箱中过夜。

(5) 换纯蜡：转入60℃温箱，换3次纯蜡，每次3～4h。

(6) 包埋：将材料包埋于纸盒中，迅速放入冷水中，包埋时注意选择好材料的切面。

(7) 切片：用石蜡切片机将修好的包埋蜡块进行切片，切片厚度约10μm左右。

(8) 切片脱蜡（二甲苯）、复水（系列酒精）、染色—脱水（系列酒精）—透明封片。

注：载玻片和盖玻片的清洁

(1) 将新购入的载玻片和盖玻片分别放入棉纱缸中，用洗液浸泡1～2天。

(2) 用镊子将浸泡后的载玻片、盖玻片分别取出放入干净的棉纱缸中流水冲洗。

(3) 再将洗净的载玻片、盖玻片放入盛有95%酒精的棉纱缸中保存。

(4) 用时，用干净的镊子将载玻片或盖玻片取出，用干净的绸布擦干。

# 附录6 组织化学染色方法

## 1 用高碘酸-席夫（Periodic Acid-Schiff）反应显示淀粉

（1）实验原理：高碘酸－席夫反应法（简称PAS反应法）是鉴定多糖类物质良好的组织化学方法。淀粉和半纤维素在高碘酸作用下，使化合物中的连位羟基被氧化成醛基，醛基和席夫试剂中的无色亚硫酸品红结合而产生红色反应。

（2）试剂：①高碘酸液；②席夫试剂（Schiff）；③漂洗液（此液必须用前配制，保持新鲜）。

（3）实验材料：卡诺氏固定液固定的石蜡切片。

（4）实验用具：染色缸18只、镊子、250ml烧杯两只。

（5）染色步骤：石蜡切片（材料）→二甲苯脱蜡及各级酒精复水→蒸馏水→0.5%高碘酸钾溶液中放置10min→自来水冲洗5min→蒸馏水洗2min→席夫试剂中染20min→用漂洗液漂洗3次，每次2min→自来水洗5min→各级酒精脱水，二甲苯透明→加拿大树胶（或光学树脂胶）封片。

（6）结果：淀粉染色成深红色，纤维素及半纤维素的细胞壁也呈红色。

## 2 用萘酚黄S（Naphethol Yellows）染蛋白质

（1）染色剂：萘酚黄S染色液。

（2）实验材料：卡诺氏固定液固定的石蜡切片。

（3）实验用具：显微镜、载玻片、盖玻片、滴瓶、解剖针、镊子、吸水纸、纱布。

（4）染色步骤：经卡诺氏固定液固定的石蜡切片→经二甲苯脱蜡及各级酒精复水→蒸馏水→萘酚黄S染色液中染2～10min→蒸馏水洗→叔丁醇脱水，更换两次，每次2min→二甲苯透明、树胶封固。

（5）结果：细胞中贮藏的蛋白体为鲜黄色。

考虑到用PAS和萘酚黄S的对染，在进行PAS染色时，染色步骤进行到漂洗后的自来水冲洗5min后，经蒸馏水再经萘酚黄S染色液染色。

（6）结果：红色的淀粉与黄色的蛋白体对比十分鲜明。

## 3 用汞-溴酚蓝（Mercury-bronophonol Blue）染蛋白质

（1）染色剂：汞－溴酚蓝染色液

（2）实验材料：卡诺氏固定液固定的石蜡切片

（3）实验步骤：石蜡切片经二甲苯脱蜡并经系列酒精复水至蒸馏水→在溴酚蓝染液中染色20min→在0.5%醋酸中漂洗10min洗去多余染料→水中洗15min→在pH6～7缓冲液中放置3min，至染色转蓝（如切片直接入叔丁醇脱水可免去此步）→脱水透明、封片。

（4）结果：蛋白体为深鲜蓝色。

（如希望同时显示淀粉粒和蛋白体，可先进行PAS染色，用自来水洗5min后进行溴酚蓝复染）。

# 附录7　检查花粉在柱头上萌发和花粉管在花柱中生长的制片方法

## 1　实验原理

在进行杂交育种等方面的研究工作中，常需要了解传粉的花粉在柱头上萌发的状况及花粉管在花柱中生长的情况。应用某些染色剂对花粉管的选择染色，可用光学显微镜或荧光显微镜检查花粉在柱头上萌发及花粉管在柱头上生长的情况。本实验介绍两种不同的染色方法以供在普通显微镜和荧光显微镜下进行观察。

## 2　实验材料

首先对被观察植物的花进行人工授粉，授粉后在一定时间内采集柱头和花柱或整个雌蕊，固定和保存在固定液中（取材的时间是以该种植物从传粉到花粉萌发，及花粉管在花柱中生长的时间为依据间隔一定时间进行固定）。

## 3　试剂

（1）固定液：FAA或卡诺氏固定液。
（2）苯胺蓝染色液。
（3）番红苯胺蓝染液。
（4）乳酸酚封固剂。
（5）45%醋酸。

## 4　实验用具

显微镜、荧光显微镜、载玻片、盖玻片、滴瓶、解剖针、镊子、吸水纸、纱布。

## 5　实验步骤

（1）材料的准备：FAA固定24h，70%酒精→50%酒精→蒸馏水（用于光镜，观察的材料）；卡诺氏固定液固定1h，70%酒精→50%酒精→蒸馏水（用于荧光显微镜观察的材料）。

（2）软化处理：用5mol/L NaOH溶液或8mol/L NaOH溶液或1mol/L HCl（56℃）处理，时间视不同材料而不同。直到材料足够软，再将材料压成一薄层。用于荧光观察的材料用10%无水亚硫酸钠在沸水浴中处理10～20min（不能用HCl软化）。

## 6 观察

（1）在普通光学显微镜下：番红－苯胺蓝染色

染色步骤：软化的柱头→水洗→染色20min→45%醋酸清洗1h→在干净的载玻片上滴加乳酸酚压片封片。

用乳酸酚封片则花粉管呈现深蓝色，背景是非常浅的紫色。

（2）在荧光显微镜下检查：经水溶性苯胺蓝溶液染色后，染料可与花粉管壁的胼胝质结合。在356nm左右波长的蓝紫光的照射下，可产生亮的黄绿色荧光，使花粉管呈现在黑的背景上。

①染液的配制：苯胺蓝以0.1%的比例溶于0.1mol/L $K_3PO_4$

②染色步骤：软化的柱头→水洗→滴染苯胺蓝染液→压片→置荧光显微镜下以蓝紫光作为激发光进行观察。

# 附录8　植物标本的采集、制作和保存

## 1　采集标本所需的器具

（1）标本夹

（2）吸水纸：用于吸水的草纸或旧报纸。

（3）采集袋（或采集箱）：现常用塑料背包。

（4）花铲或丁字小镐：用于挖草本植物的根。

（5）枝剪：木本植物只能采集枝条。

（6）野外记录签：野外采集时应记录植物的产地、生境（如林地、草地、山坡或路边、田边等）。

（7）海拔仪：测量海拔高度。

（8）方位盘：观测方向或坡向。

（9）小纸袋：收集散落的果、种子。

（10）放大镜：观察植物的细微结构特征。

## 2　植物标本的采集方法

### 1.1　采集的时间

植物的生长、开花、结实有一定的季节性，所以必须记载植物采集的时间，植物是否开花。鉴于野外实习时的时间限制，可能看不到有些植物的开花和结实情况，而一份完整的植物标本应根、茎、叶、花、果实、种子各种器官齐全，如缺乏哪一部分，应选择适当的季节及时补采。

### 1.2　采集标本时应注意的几个问题

（1）草本植物必须采集根、茎、叶、花、果实、种子齐全的标本。

（2）如有地下茎（鳞茎、块茎、根状茎）应用铲或镐挖出。

（3）对于雌雄异株的植物，应分别采集。

（4）草本植物采集时如植株过大可在采下后，折成“V”字型或“N”字型再压制。

（5）对于木本植物，必须将全株拍下照片，取能代表植物特点的部分枝条作成标本。

（6）水生植物可用硬纸板将标本托起、展平。

（7）对寄生植物应连同寄主一起采集。

（8）如植株有老幼的异型叶，必须兼顾各种类型叶都采集。

（9）采集标本的份数一般要采2～3份。

（10）采集时必须认真做好时间、地点各项记录，它是鉴定植物的重要参考，记录时要统一编号。

（11）标本采后要及时更换干纸（否则会使标本生霉腐烂），并对标本进行整理，叶片要平整，不能重叠。叶片的正面和反面都要有，以便鉴定时观察。压制标本时要随时调整标本的位置，使之高低均匀。

（12）对于肉质多汁的植物，如景天科植物，压制前最好处理一下（用沸水煮），然后在按一般方法压制。

## 3　蜡叶标本的制作和保存

（1）如蜡叶标本要进标本馆长期保存，必须在上台纸前先进行消毒。可放入消毒箱杀死虫或虫卵。

（2）上台纸（白纸板8开约39cm×27cm）：注意标本的摆放，位置要合适，在右下角或左上角留出贴定名签和野外记录签的位置。标本可用纸条固定。用小刀在适当位置切开纵口，纸条穿过在台纸背面贴牢。过小的标本，如浮萍，可先装入一小纸袋，再固定在台纸中央。

（3）定名签要写植物的中文名和拉丁学名。

（4）蜡叶标本在标本柜中保存（铁柜），排列方式按系统排列，将科名再排成编号，管理方便。也可按地区顺序编排标本，便于研究。也可按拉丁字母的顺序来排列。

# 附录9 植物检索表的编制与使用

检索表是植物分类中识别和鉴定植物不可缺少的工具，是鉴定植物的钥匙，其英文名即为“Key”。它是根据法国生物学家拉马克（Lamarck）提出的二歧分类原则，以对比的方式编制成的区分植物种类的表格。具体做法是把各种植物的关键性特征进行比较，抓住区别点，相同的归在一项下，不同的归在另一项下。在相同的项下，又以不同点分开，如此下去，最后得出不同种的区别。各分类等级，如门、纲、目、科、属、种都有检索表，其中科、属、种的检索表最为重要和最为常用。

检索表可以单独成书，如北京地区常用的《北京植物检索表》，也可穿插在植物志等各种分类书刊中，是我们在鉴定植物时查阅工具书刊资料过程中经常接触到的，因此，学习或从事植物分类研究的人员应熟悉它的形式和用法，而且要熟练掌握和运用它。

检索表的形式通常有以下两种：

## 1 等距检索表（定距检索表）

在等距检索表中，将每一种相对特征的描述，编为同样的号码，并在书页左边同样距离处开始描写，如此继续逐项列出，逐级向右错开，描写行越来越短，直到科、属或种的名称出现为止。例如：

1. 叶缘具刺芒状锯齿。
  2. 叶背淡绿色，除脉腋具丛毛外，其余均无毛；坚果顶端圆形……………………………………………………………………………………… 1. 麻栎 *Quercus acutissima* Carr.
  2. 叶背灰白色，具白色星状毛；坚果顶端平圆 …… 2. 栓皮栎 *Quercus variabilis* Bl.
1. 叶缘具波状钝齿或裂片。
  3. 叶柄极短，在0.5cm以下。
    4. 生灰色短绒毛，苞片披针形，并向外反曲 …………………………………………………………………………………… 3. 柞栎 *Quercus dentata* Thunb.
    4. 小枝光滑或近光滑，苞片鳞片状，不反曲。
      5. 壳斗苞片具瘤状突起，侧脉7~11对 … 4. 蒙古栎 *Quercus mongonica* Fisch.
      5. 壳斗苞片无瘤状突起，侧脉常为5~8对 ……………………………………………………………………… 5. 辽东栎 *Quercus liaotungensis* Koidz.
  3. 叶柄长，常为1~3cm ………………………………… 6. 槲栎 *Quercus aliena* Bl.

## 2　平行检索表

在平行检索表中，是把每一种相对特征的描写，并列在相邻两行里，左边给予同样的号码，每一项条文后注明往下查的号码或植物名称。例如：

1. 叶缘具刺芒状锯齿 ………………………………………………………………… 2
1. 叶缘具波状钝齿或裂片 ………………………………………………………… 3
2. 叶背淡绿色，除脉腋具丛毛外，其余均无毛；坚果顶端圆形 ……………………
   ………………………………………………………… 1. 麻栎 *Quercus acutissima* Carr.
2. 叶背灰白色，具白色星状毛；坚果顶端平圆 ………… 2. 栓皮栎 *Quercus variabilis* Bl.
3. 叶柄极短，在0.5cm以下 ……………………………………………………… 4
3. 叶柄长，常为1～3cm ………………………………… 3. 槲栎 *Quercus aliena* Bl.
4. 小枝密生灰色短绒毛，苞片披针形，并向外反曲 …… 4. 柞栎 *Quercus dentata* Thunb.
4. 小枝光滑或近光滑，苞片鳞片状，不反曲 ………………………………………… 5
5. 壳斗苞片具瘤状突起，侧脉7～11对 …………… 5. 蒙古栎 *Quercus mongonica* Fisch.
5. 壳斗苞片无瘤状突起，侧脉常为5～8对 …… 6. 辽东栎 *Quercus liaotungensis* Koidz.

在使用检索表鉴定植物时，首先要对所鉴定的植物标本或新鲜材料进行全面与细致的观察，必要时还须借助放大镜或双目解剖镜等，作细心的解剖与观察，弄清鉴定对象的各部形态特征，特别是在鉴定被子植物时，要对花的构造进行仔细的解剖与观察，最好是按照从外向里即萼片、花瓣、雄蕊、雌蕊的次序进行观察，掌握所要鉴定的特征，然后根据检索表沿着门、纲、目、科、属、种的顺序进行检索，查出植物名称来，再对照植物志、图鉴、分类手册等工具书进一步核对已查到的植物的形态特征和生态习性，以达到正确鉴定的目的。

# 附录10 常用实验试剂的配制与使用

## 1 染色剂

### 1.1 碘-碘化钾（I-KI）溶液

| | |
|---|---|
| 碘化钾 | 3g |
| 碘 | 1g |
| 蒸馏水 | 100ml |

取3g碘化钾溶于100ml蒸馏水中，再加入1g碘，溶解后即可使用。该液可将蛋白质和细胞核染成黄色，淀粉染成蓝紫色。将该液稀释100倍，配成0.01%碘－碘化钾溶液后，可用于观察淀粉粒的轮纹。

### 1.2 中性红溶液

| | |
|---|---|
| 中性红 | 0.1g |
| 蒸馏水 | 100ml |

取0.1g中性红溶于100ml蒸馏水中，用时再稀释10倍。该液可将细胞中的液泡染成红色，而死细胞不着色，可用来鉴定细胞的死活。

### 1.3 苏丹Ⅲ（或Ⅳ）溶液

| | |
|---|---|
| 苏丹Ⅲ或苏丹Ⅳ | 0.1g |
| 95%乙醇 | 10ml |
| 甘油 | 10ml |

取0.1g苏丹Ⅲ或苏丹Ⅳ，溶解于10ml 95%酒精中过滤后，加入10ml甘油混匀即可。该液能将脂肪和油滴染成橘红色，也可将角质、栓质、挥发油及树脂染成红色。

### 1.4 钌红溶液

| | |
|---|---|
| 钌红 | 5～10mg |
| 蒸馏水 | 25～50ml |

取5～10mg钌红溶于25～50ml蒸馏水中即可。该液是细胞胞间层专性染料，但配后不易保存，应现配现用。

### 1.5 醋酸洋红溶液

| | |
|---|---|
| 洋红 | 0.5g |
| 冰醋酸 | 50ml |
| 蒸馏水 | 50ml |

先将50ml的冰醋酸加入到50ml的蒸馏水中煮沸，然后徐徐投入0.5g洋红粉末，待全投入后再煮1~2min即可。这时可投入小铁钉，过1 min取出铁钉，使染液中略具铁质，以增进染色效能；或在冷却后加入醋酸铁溶液1~2滴（不能多加）。经过滤后放在密闭的玻璃瓶中，盖紧置于避光处备用。该液为压片法或涂片法中常用的染料，特别适用于植物细胞遗传学方面的研究，如染色体数目的检查（染色体染成深红色），组织培养中花粉粒发育时期的鉴定。

### 1.6 间苯三酚溶液

| | |
|---|---|
| 间苯三酚 | 5g |
| 95%乙醇 | 100ml |

取5g间苯三酚溶解于100ml 95%酒精中即可。该液能与木质素发生作用，可将木质化的细胞壁染成红色，但染色前先加一滴1mol/L盐酸，再加一滴间苯三酚溶液，因间苯三酚要在酸性环境下才能与木质素发生反应。

### 1.7 1%龙胆紫水溶液

| | |
|---|---|
| 龙胆紫 | 1g |
| 蒸馏水 | 100ml |

取1g龙胆紫溶于100ml蒸馏水中即可。现常以结晶紫代替。该液适用于细菌涂抹制片。

### 1.8 1%龙胆紫醋酸溶液

将1g龙胆紫先溶于少量2%醋酸，再继续加2%醋酸，直至不呈深蓝色为止。该液适用于细胞核的观察。

### 1.9 1%番红水溶液

| | |
|---|---|
| 番红 | 1g |
| 蒸馏水 | 100ml |

取1g番红，溶于100ml蒸馏水中，过滤后备用。番红为碱性染料，是植物制片中应用最广的一种染料，能将木化、角化、栓化的组织染成红色，并通常与固绿对染。该液亦可将细胞核中的染色质、染色体及孢子、花粉外壁染成红色。

### 1.10 1%番红酒精溶液

| | |
|---|---|
| 番红 | 1g |
| 50%酒精 | 100ml |

取1g番红，溶于100ml 50%酒精中，过滤后即可使用。用法同番红水溶液。

### 1.11 固绿染液

| | |
|---|---|
| 固绿 | 0.1～0.5 g |
| 95%酒精 | 100ml |

取0.1～0.5 g固绿溶于100ml 95%酒精中，过滤后保存备用。固绿又名快绿，是一种酸性染料，能将细胞质、纤维素细胞壁染成绿色，着色快，一般10～30s，不易褪色。

### 1.12 爱氏苏木精液（Hematoxylin Ehrlich's Acid）

配方一：

| | |
|---|---|
| 苏木精 | 1g |
| 钾明矾 | 5g |
| 冰醋酸 | 5ml |
| 无水酒精 | 50ml |
| 蒸馏水 | 50ml |
| 甘油 | 50ml |

先将苏木精溶于酒精中，再将钾明矾溶于水中，充分溶解后，再将苏木精酒精液徐徐加入钾矾水中，放置暗处，瓶口用药棉塞紧，自然氧化2～3周过滤后，再加入冰醋酸、甘油即可长期使用。

配方二：

将1g苏木精溶于100ml 50%酒精中，再加入碘酸钠0.4g和明矾8g，在火上煮约半小时，然后过滤，待冷却后加入甘油50ml和冰醋酸5ml。因为有氧化剂碘酸钠，所以配好即可使用。

该液适用于细胞核的染色，可将细胞分裂时期的染色体染成蓝黑色，而且色泽能够长久保持。

### 1.13 萘酚黄S染色液

| | |
|---|---|
| 萘酚黄S | 1g |
| 1%醋酸 | 100ml |

以上为基液，再以1%醋酸稀释基液，按2∶100配成0.02%萘酚黄S醋酸溶液。该液适用于植物组织中贮藏蛋白的染色，可将贮藏蛋白染成黄色或黄褐色。

### 1.14 高碘酸-席夫反应法（PAS法）所用试剂

（1）高碘酸液：

| | |
|---|---|
| 高碘酸钾（$KIO_4$） | 0.5g |
| 蒸馏水 | 100ml |

（2）席夫试剂（Schiff's Reagent）：

| | |
|---|---|
| 碱性品红 | 0.5g |
| 蒸馏水 | 100ml |
| 1mol/L HCl | 10ml |
| 偏亚硫酸氢钠 | 0.5g |

用0.5g碱性品红溶于100ml煮沸的蒸馏水中，搅匀、冷却至50℃，过滤到棕色小口瓶中，并加入10ml 1mol/L HCl和0.5g偏亚硫酸氢钠（$NaHSO_3$）摇匀，将瓶盖塞紧，置于暗处，过夜至染液颜色变为淡茶色或无色，即可使用。

（3）漂洗液（此液必须用前配制，保持新鲜）：

| | |
|---|---|
| 1mol/L HCl | 5ml |
| 10%偏亚硫酸氢钠 | 5ml |
| 蒸馏水 | 100ml |

该反应法是鉴定多糖类物质良好的组织化学方法，可将淀粉染成深红色，也可将半纤维素的细胞壁染成红色。材料中的淀粉及半纤维素在高碘酸作用下，使化合物中的连位羟基氧化成醛基，醛基再和席夫试剂中的无色亚硫酸品红结合而产生红色反应。然后经漂洗液漂洗后，可与萘酚黄S染色液对染，红色的淀粉粒与黄色的蛋白体对比十分鲜明。

### 1.15 汞-溴酚蓝染色液

配方一：

| | |
|---|---|
| $HgCl_2$ | 10g |
| 溴酚蓝 | 100mg |
| 蒸馏水或95%酒精 | 100ml |

配方二：

| | |
|---|---|
| $HgCl_2$ | 1g |
| 溴酚蓝 | 500mg |
| 2%醋酸 | 100ml |

该液适用于组织化学染色，可将植物组织细胞内的蛋白体染成深鲜蓝色。

### 1.16 番红-苯胺蓝醋酸染色液

| | |
|---|---|
| 苯胺蓝 | 0.75g |
| 番红 | 0.25g |
| 45%醋酸 | 100ml |

取0.75g苯胺蓝溶于少量45%醋酸中，需完全溶解。取0.25g番红也溶于少量45%醋酸中，待完全溶解后与苯胺蓝溶液混合，最后定容至100ml。

该液可将花粉管染成深蓝色，适用于普通光学显微镜下花粉管的观察。

### 1.17 苯胺蓝染色液

| | |
|---|---|
| 苯胺蓝 | 0.1g |
| 0.1mol/L $K_3PO_4$ | 100 ml |

该液适用于荧光显微镜下花粉管的观察，可使花粉管产生明亮的黄绿色荧光。

### 1.18 改良的卡宝染液

原液 A：取 3g 碱性品红溶于 100ml 70% 酒精中（可长期保存）。

原液 B：取 A 液 10ml +90ml 5% 苯酚（石炭酸）水溶液（两周内用）。

原液 C：取 B 液 55ml +6ml 冰醋酸 +6ml 38% 甲醛（长期保存）。

染色液：取 C 液 10 ~20ml 加入 80 ~90ml 45% 醋酸和 1.5g 山梨醇。放置两周后使用。

该液适用于植物细胞内染色体的观察。

## 2 固定液

### 2.1 FAA 固定液

| | |
|---|---|
| 福尔马林 | 5ml |
| 冰醋酸 | 5ml |
| 70% 酒精 | 90ml |

若用此液固定坚硬的材料，如木材等，可略减冰醋酸，略增福尔马林；若固定幼嫩的材料，则可用 50% 酒精替代 70% 酒精，防止材料收缩。

FAA 是植物研究中应用极广的一种固定液，又称万能固定液，此液最大的优点是兼具保存液的功能，能够长久保存，对制片效果并无妨碍。植物组织除单细胞及丝状藻类外，其他材料均可用此液固定，但对染色体的固定效果较差。

### 2.2 卡诺氏固定液（Carnoy's Fluid）

| | |
|---|---|
| 无水酒精 | 3 份 |
| 冰醋酸 | 1 份 |

该液常用于植物组织及细胞的固定，渗透力极快，但若固定时间长，容易使材料变硬，因此固定时间一般以 1h 左右为宜。细胞内核酸、染色体的观察通常采用此液固定，效果较好。

### 2.3 纳瓦兴氏固定液（Navaschin's Fluid）

| | |
|---|---|
| 甲液：1% 铬酸 | 30ml |
| 10% 冰醋酸 | 20ml |

乙液：福尔马林　　10ml

　　　蒸馏水　　40ml

用前将甲、乙两液等量混合即可。

该液适用于植物组织及细胞的研究，特别适用植物胚胎学研究材料的固定，固定时间一般为12～48h，固定效果很好，但使用起来较繁琐，须用前临时把甲、乙液等量混合，固定后材料要经流水冲洗24h。

### 2.4 铬酸－醋酸固定液

铬酸　　1g

冰醋酸　　1ml

蒸馏水　　100ml

该液常用于固定容易渗透的材料，如丝状藻类、菌类、蕨类的原叶体等，固定时间一般为12～24h。此液不能作保存液，制片前必须在流水中冲洗12～24h。

## 3 脱水剂

### 3.1 酒精

实验室常备无水乙醇和95%乙醇。植物制片过程中材料脱水所需要的各级浓度梯度的乙醇，通常采用95%乙醇配制而成（因95%乙醇比无水乙醇便宜）。配制方法如下：

如需配制50%酒精，取50ml 95%乙醇，加蒸馏水至95ml；如需配制70%酒精，则取70ml 95%乙醇，加蒸馏水至95ml即可。

酒精并不是目前最好的脱水剂，因为它容易使组织收缩硬化，但由于应用已久，方法上容易把握，价格也比较便宜，因此至今应用仍很普遍。

### 3.2 叔丁醇

叔丁醇可与水、乙醇、二甲苯等溶合，不会使组织收缩或变硬，同时不必经过透明剂，可简化脱水、透明、浸蜡等步骤，是目前应用很广的一种脱水剂。

## 4 透明剂

### 4.1 二甲苯

该试剂是目前最常用的透明剂，溶解石蜡迅速，透明作用快，并可与封固剂混合，缺点是容易使组织收缩变硬变脆，同时必须完全脱水后才能应用。

### 4.2 氯仿

棉胶法常采用氯仿作透明剂，石蜡包埋中也可采用氯仿作透明剂。优点是材料在此剂中收缩不太强烈，缺点是渗透力比二甲苯稍弱，需适当延长透明时间，并且氯仿能破坏染色，染色后的切片不宜使用此剂透明、封固。

## 5 包埋剂

石蜡是植物制片中最常用的包埋剂。石蜡的软硬，视熔点而定。目前，市售的石蜡主要有熔点为52～54℃，56～58℃的两种，熔点高的较硬，熔点低的较软。植物制片中视具体情况选择不同熔点的石蜡，如材料较硬、切片较薄（在8μm以下）、室温较高时宜采用较硬的石蜡，反之，则用较软的石蜡。

## 6 粘贴剂

### 6.1 梅氏蛋白粘贴剂

在鸡蛋一端打一小孔，只让蛋白流入烧杯内，用筷子充分调打成雪花泡状，用粗滤纸过滤到量筒中（数小时至过夜）即可滤出透明蛋白液。取等量的甘油与蛋白混匀，再加少许麝香草酚作防腐用。置于冰箱中（4℃）保存，可较长时间使用。

### 6.2 明胶粘贴剂

| | |
|---|---|
| 明胶 | 1g |
| 蒸馏水 | 100ml |
| 苯酚（或石炭酸） | 2g |
| 甘油 | 15ml |

先将1g明胶慢慢加入30～40℃的100ml蒸馏水中，使之全部溶解；再加入2g苯酚（或石炭酸），接着再加入15ml甘油，搅拌至全溶为止，过滤后贮于瓶中备用。

## 7 封固剂

### 7.1 加拿大树胶

这是石蜡制片中常用的封固剂，但价格昂贵。实验用加拿大树胶是将树胶溶入二甲苯中配成，配制浓度以在玻棒一端形成小滴滴下而不呈线状为宜。

### 7.2 中性树胶

此为人工合成的树胶，价格比较便宜，通常在石蜡制片中替代加拿大树胶使用。

### 7.3 乳酸酚

| | |
|---|---|
| 酚（石炭酸） | 10g |
| 蒸馏水 | 10ml |
| 乳酸 | 10ml |
| 甘油 | 10ml |

该剂可以软化材料，适用于整体封藏，如藻、花粉粒、蕨原叶体、表皮撕片等其他小材料的封藏。但此种封固剂封边比较困难，难以长期保存。

## 8 离析液

### 8.1 铬酸-硝酸离析液

| | |
|---|---|
| 10%铬酸（三氧化铬的水溶液） | 1份 |
| 10%的硝酸 | 1份 |

将上述两液等量混合均匀后使用，适用于木质化程度较高的组织，如导管、管胞、纤维等的解离。

### 8.2 盐酸-草酸铵离析液

| | |
|---|---|
| 甲液：70%或90%酒精 | 3份 |
| 浓盐酸 | 1份 |

乙液：0.5%草酸铵水溶液

先将材料放于甲液中浸24h，然后用水洗净，放入乙液中，时间视材料性质而定。此液适用于草本植物薄壁组织的解离，如髓、叶肉组织等。

### 8.3 盐酸-酒精离析液

| | |
|---|---|
| 95% 酒精 | 1份 |
| 6mol/L盐酸 | 1份 |

将上述两液等量混合均匀后，在50℃左右恒温下离析材料，适用于幼嫩的组织，如根尖、茎尖和幼叶等。

## 9 软化剂

甘油-酒精软化剂

| | |
|---|---|
| 甘油 | 1份 |
| 50%或70%酒精 | 1份 |

适用于木材的软化。

# 10 玻璃器皿清洁剂

## 10.1 铬酸洗涤液

| | |
|---|---|
| 重铬酸钾 | 20g |
| 浓硫酸 | 100ml |
| 清水 | 100ml |

将重铬酸钾溶解于水中，然后缓慢加入硫酸，不使其发热。配好后可盛于玻璃缸或陶瓷缸内，以防氧化变质。此液可反复使用，一直到变为蓝黑色为止（原为红色）。

## 10.2 2%的盐酸-酒精溶液

| | |
|---|---|
| 95%酒精 | 100份 |
| 盐酸 | 2份 |

新载玻片和盖玻片可在2%的盐酸-酒精溶液中浸泡几小时，再用流水冲洗干净后，置于95%酒精中备用。

# 11 显微镜镜头清洁剂

乙醚-酒精混合液

| | |
|---|---|
| 乙醚 | 7份 |
| 无水乙醇 | 3份 |

将上述两液混合后备用。

# 12 标本浸制液

## 12.1 5%甲醛水溶液

| | |
|---|---|
| 甲醛 | 50 ml |
| 清水 | 1 000 ml |

此溶液可防止标本腐烂变质，适于标本的长久保存，但材料容易褪色。

## 12.2 5%硫酸铜水溶液

| | |
|---|---|
| $CuSO_4$ | 50g |
| 清水 | 1 000 ml |

将绿色植物放入5%硫酸铜水溶液中浸泡，颜色由绿色→黄色→绿色即可，一般时间为几天，然后取出用清水漂洗数次，再保存于5%甲醛水溶液中。此法具有保绿作用，适用于绿色标本的浸制保存。

## 13　标本消毒液

1%升汞酒精溶液

| | |
|---|---|
| 升汞 | 10g |
| 95%酒精 | 1 000ml |

将标本放入瓷盘内的消毒液中浸泡2～5min，取出放在草纸上压干后上台纸，可以避免发霉及虫害。

# 附录 11　植物的命名及拉丁字母发音

植物的名称是认识植物的基础，然而植物的名称往往会随着国家、地区的不同出现同物异名及同名异物现象，这对植物的认知、研究、开发利用及国内外学术交流极为不利。因此，为避免植物名称的混乱使用，1753 年瑞典植物学家林奈（Carolus Linnaeus）在其发表的《植物种志》（*Species Plantarum*）一书中首次创立了植物名称的双名命名法（Binomial Nomenclature），后被世界植物学家所采用，并经国际植物学会确认，于 1867 年由德堪多（A. P. Decando）等人拟定出第一个《国际植物命名法规》（*International Code of Botanical Nomenclature*，简称 ICBN），之后，编辑委员会根据每 4 年一次的国际植物学会议上有关命名提案的决议负责修订。ICBN 为世界各国、各地区采用统一、规范的植物学名命名提供了重要依据。

## 1　植物的分类单位

植物的分类设立等级，任一等级的分类群，都被称为分类单位（Taxon），分类单位的主要等级自上而下依次是：界 Regnum、门 Divisio、纲 Classis、目 Ordo、科 Familia、属 Genus、种 Species。

若需要更多的分类等级时，可在指示等级的术语前添加前缀“亚”Sub 或者引用一些增补性术语来构成，如亚界 Subregnum、亚门 Subdivisio、亚纲 Subclassis、亚目 Subordo、亚科 Subfamilia、族 Tribus、亚族 Subtribus、亚属 Subgenus、组 Sectio、亚组 Subsectio、系 Series、亚系 Subseries、亚种 Subspecies、变种 Varietas、亚变种 Subvarietas、变型 Forma、亚变型 Subforma 等。

## 2　几种主要植物分类单位的命名方法

### 2.1　植物科的命名

科的名称是一个作名词用的复数形容词，它是由包括在该科内的某一属的合法名称的词干上添加词尾“-aceae”来构成的，如杨柳科 Salicaceae 来自柳属 *Salix*，蔷薇科 Rosaceae 来自蔷薇属 *Rosa*，百合科 Liliaceae 来自 *Lilium* 等（保留名除外）。

### 2.2　植物属的命名

属的名称是一单数名词，或是当作单数名词看待的一个词，不可由两个词构成，除非这两个词是由连字符连接起来的。

属名的来源主要如下：

(1) 由各地区俗名拉丁化音译而成。如茶属 *Thea*，荔枝属 *Litchi* 皆来源于中国福建与广东的地方名。

(2) 纪念名人。如陈琼木属 *Chunia*，指植物学家陈焕镛。

(3) 以原产地命名。如台湾杉属 *Taiwania* 来自我国台湾，福建柏属 *Fukienia* 来自我国福建，柑橘属 *Citrus* 指巴勒斯坦一镇名。

(4) 以植物用途命名。如女贞属 *Ligustrum* 来自 *Ligo*（意为束缚），指该属植物枝条有韧性可缚物；山毛榉属 *Fagus* 来自希腊文 *Phago*（意为吃），指该属植物种子可食；人参属 *Panax* 来自希腊文 *Pan*（意为一切），指该属植物为普治剂。

(5) 以生态环境命名。柳属 *Salix* 来自古梵文（意为水），指该属植物具喜水特性；毛茛属 *Ranunculus*（意为小洼），指该属植物喜湿。

(6) 以植物特征命名。如冷杉属 *Abies* 来自拉丁文 *abeo*（意为离开），指该属植物离地分枝的姿态；榛属 *Corylus* 来自 *Korus*（意为头巾），指该属植物的花遮盖坚果。

(7) 由想象命名。如胡桃属 *Juglans* 由 *Jovis*，*glans* 两字转化而成，意为 Jupiter（神）吃的果；栎属 *Quercus* 来自 *quer*（意为美好）和 *cuez*（意为树），指该属植物为优良的树木。

## 2.3　植物种的命名

《国际植物命名法规》规定，植物种的学名采用林奈创立的双名法命名。双名法是以两个拉丁词或拉丁化的词给每种植物命名，第一个词为属名，首字母大写；第二个词为种加词，字母均小写；种加词后还要附上命名人的姓名，该姓名除极为简短的以外，都可予以缩写，一般采用姓氏缩写。因此，一个完整的植物学名包括属名、种加词和命名人，如银白杨 *Populus alba* L.。

### 2.3.1　种加词

植物学名的种加词一般用形容词，也可用名词所有格。

(1) 种加词为形容词时，要与属名的性、数、格一致。其主要来源如下：

①表明特征：如银杏 *Ginkgo biloba* L.，种加词 *biloba* 指叶二裂；

②表示产地：如小叶朴 *Celitis chinensis* BL.，种加词 *chinensis* 指中国的；

③表示人名：常加形容词字尾 - *ana*，如秦氏石楠 *Photinia chingiana*，种加词 *chingiana* 指植物学家秦仁昌教授。

(2) 种加词为名词所有格时，多用于纪念某人。纪念男性时，人名后

加 *i* 或 *ii*，如黑松 *Pinus thunbergii* Parl.；纪念女性时，人名后加 *ae*，如威尔莫特氏蔷薇 *Rosa willmottiae* Hemsl.。

### 2.3.2 命名人

两作者间 et（或 &）和 ex 的含义不同：

（1）et（或 &）表示等同，即两作者共同研究定名，如花烟草 *Nicotiana alata* Link. et Ouo.，但当某一植物名称是由两位以上的作者共同发表，则只需引证第一位作者的姓名，再加 et al. 即可。

（2）ex 表示从，即前一作者虽定名但未合格发表，后一作者经研究，同意前一作者的定名做了合格发表，如打碗花 *Calystegia hederacea* Wall. ex Roxb.。

## 2.4 种以下分类单位的命名

种以下的分类单位主要有亚种、变种和变型，这三个词的拉丁文缩写分别为 subsp.（或 ssp.）、var. 和 f.。

（1）亚种的命名是在原种完整学名之后加上亚种的拉丁文缩写 subsp.（或 ssp.），再加上亚种名及亚种的定名人，如兴安一枝黄花 *Solidago virgaurea* L. ssp. *dahurica* Kitag. 是毛果一枝黄花 *Solidago virgaurea* L. 的亚种。

（2）变种的命名是在原种完整学名之后加上变种的拉丁文缩写 var.，再加上变种名及变种的定名人，如新疆杨 *Populus alba* L. var. *pyramidalis* Bge. 为银白杨 *Populus alba* L. 的变种。

（3）变型的命名是在原种完整学名之后加上变型的拉丁文缩写 f.，再加上变型及变型的定名人，如白碧桃 *Prunus persica*（L.）Batsch. f. *alba* Schneid. 为桃 *Prunus persica*（L.）Batsch. 的变型。

## 2.5 植物名称的新组合

当一作者经过研究，认为某种植物放在该属中不恰当，应该转移到另一个更恰当的属中时，按《国际植物命名法规》的规定，转属时，种加词不变，同时原命名人加括号，新作者置于其后。如，1832 年 Bge. 最初白头翁发表时，将其定为银莲花属 *Anemone*，即 *Anemone chinensis* Bge.，1861 年 Regel. 认为将其定为白头翁属 *Pulsatilla* 更为合适，并进行了更正，即 *Pulsatilla chinensis*（Bge.）Regel.。

## 2.6 保留名

少数沿用已久，但不符合《国际植物命名法规》的名称，经公议并由命名委员会的总委员会批准可以予以保留。如豆科、菊科、十字花科和禾本科各自的惯用名 Leguminosae、Compositae、Cruciferae 和 Gramineae 均为保留名，可以继续使用。

### 2.7 栽培植物品种名称和商业名称

#### 2.7.1 品种名称

品种是栽培植物的基本分类单位，是为一专门目的而选择、具有一致而稳定的明显区别特征，而且采用适当的方式繁殖后，这些特征仍能保持下来的一个栽培植物分类单位。

《国际栽培植物命名法规》规定，品种的全名由它所隶属的分类等级的拉丁学名后加上品种加词构成，即在种加词后加上单引号括起来的品种加词，后不加定名人。1959 年 1 月 1 日及以后发表的新品种加词应当是现代语言中的一个词或几个词，拉丁词或作为拉丁词看待并容易引起混淆的词，不应再使用，并且品种加词中每一个词的首字母应当大写。因此，应当根据上述规定命名栽培植物品种，如 *Pisum sativum* ‘Consort’，*Scilla hispanica* ‘Rose Queen’。

根据《国际植物命名法规》合格发表的种或种以下分类单位的拉丁加词，当该分类单位被作为品种重新分类时，该加词应被作为品种加词。

#### 2.7.2 商业名称

商业名称是当某一被接受的品种加词不适于商业目的时而用于代替该接受加词的名称，但该接受的品种加词应与商业名称并列引证。如 *Alstroemeria* ‘Staromar’（品种加词）SACHA（商业名称）。

## 3 拉丁字母发音

### 3.1 拉丁字母及其国际音标

| 拉丁字母 | | 国际音标 | |
|---|---|---|---|
| 大写 | 小写 | 名称 | 发音 |
| A | a | [a:] | [a:] |
| B | b | [be] | [b] |
| C | c | [tse] | [k] [ts] |
| D | d | [de] | [d] |
| E | e | [e] | [e] |
| F | f | [ef] | [f] |
| G | g | [ge] | [g] |
| H | h | [ha] | [h] |
| I | i | [i] | [i] |
| J | j | [jot] | [j] |

（续）

| 拉丁字母 | | 国际音标 | |
|---|---|---|---|
| 大写 | 小写 | 名称 | 发音 |
| K | k | [ka] | [k] |
| L | l | [el] | [l] |
| M | m | [em] | [m] |
| N | n | [en] | [n] |
| O | o | [ɔ] | [o] |
| P | p | [pe] | [p] |
| Q | q | [ku] | [k] |
| R | r | [er] | [r] |
| S | s | [es] | [s] |
| T | t | [te] | [t] |
| U | u | [u] | [u] |
| V | v | [ve] | [v] |
| W | w | [ve] | [v] |
| X | x | [iks] | [ks] |
| Y | y | [ipsilon] | [i] |
| Z | z | [zetə] | [z] |

## 3.2 拉丁字母发音的简要规则

（1）C 可发两个音：

①在元音 a、o、u、au 和辅音前及在词尾时发［k］，如蒴果 *Capsula*，轴 *Caudex*，花盘 *Discus*，球茎 *Cormus*，果实 *Fructus*，乳汁 *Lac*；

②在元音 e、i、y 和双元音 ae、oe、eu 前发［ts］，如聚伞花序 *Cyma*，总状花序 *Racemus*，天蓝色 *Coelestis*，雪松属 *Cedrus*，柑橘属 *Citrus*，蓖麻属 *Ricinus*。

（2）g 的发音：

①g 在元音 a、o、u、au 和一切辅音前及在词尾时发［g］音，如棉属 *Gossypium*，大豆属 *Glycine*；

②g 在元音 e、i、y、eu、ae、oe 前发［dʒ］音，如银杏属 *Ginkgo*，水杨梅属 *Geum*。

（3）q 发［k］音，其后与 u 连用，读［kw］，ku 这一字母组合永远跟一个元音，构成一音节，如水 *Aqua*，栎属 *Quercus*，水生的 *Aquaticus*。

（4）ti 一般读［t］音，但 ti 后连一元音时发［ts］，如花序 *Inflorescentia*，吸收 *Absorptio*；如 ti 前的字母是 s 或 x，即使 ti 后有元音，ti 也照常发［t］音，如大漂属 *Pistia*。

（5）双元音的发音：

ae 发国际音标［e］，如芍药属 *Paeonia*

oe 发国际音标［e］，茴香属 *Foeniculum*

au 发国际音标［au］，但 a 音重些，如桃叶珊瑚属 *Aucuba*

eu 发国际音标［eu］，但 e 音重些，如卫矛属 *Euonymus*

（6）双辅音的发音：

①ch 发［ʃ］音，如中国的 *Chinensis*，有时发［k］，如色球藻 *Chroococcus*；

②ph 发［f］音，如象 *Elephas*，楠木属 *Phoebe*；

③rh 发［r］音，如盐肤木属 *Rhus*，大黄属 *Rheum*；

④th 发［t］音，茶属 *Thea*，薄荷属 *Mentha*。

# 参考文献

1. 曹慧娟主编. 1992. 植物学［M］. 2 版. 北京：中国林业出版社.

2. 何凤仙主编. 2000. 植物学实验［M］. 北京：高等教育出版社.

3. 贺士元等主编. 1984. 北京植物志［M］. 北京：北京出版社.

4. 贺学礼主编. 2004. 植物学实验实习指导［M］. 北京：高等教育出版社.

5. 李正理编. 1996. 植物组织制片学［M］. 北京：北京大学出版社.

6. 马炜梁主编. 1998. 高等植物及其多样性［M］. 北京：高等教育出版社.

7. 农业部教育司主编. 1983. 植物及植物生理教学挂图. 北京：农业出版社.

8. 汪矛主编. 2003. 植物生物学实验教程［M］. 北京：科学出版社.

9. 向其柏等译. 2004. 国际栽培植物命名法规［M］. 北京：中国林业出版社.

10. 杨继主编. 2000. 植物生物学实验［M］. 北京：高等教育出版社.

11. 张彪等主编. 2002. 植物分类实验［M］. 南京：东南大学出版社.

12. 赵士洞译. 1984. 国际植物命名法规［M］. 北京：科学出版社.

13. 郑国锠主编. 1978. 生物显微技术［M］. 北京：人民教育出版社.

14. 中国科学院植物研究所主编. 1972. 中国高等植物图鉴［M］. 北京：科学出版社.

15. 周仪编. 2000. 植物形态解剖实验［M］. 北京：北京师范大学出版社.

16. 朱家柟等主编. 2001. 拉英汉种子植物名称［M］. 2 版. 北京：科学出版社.

17. Li F L, et al. 1997. Tetraspore is reguired for male meiotic cytokinesis in *Arabidopsis thaliana*［J］. Development, 124：2645 ~ 2657.

18. Weier T E, et al. 1982. Botany［M］. 6th ed. NewYork ：John Wiley&Sons Inc.

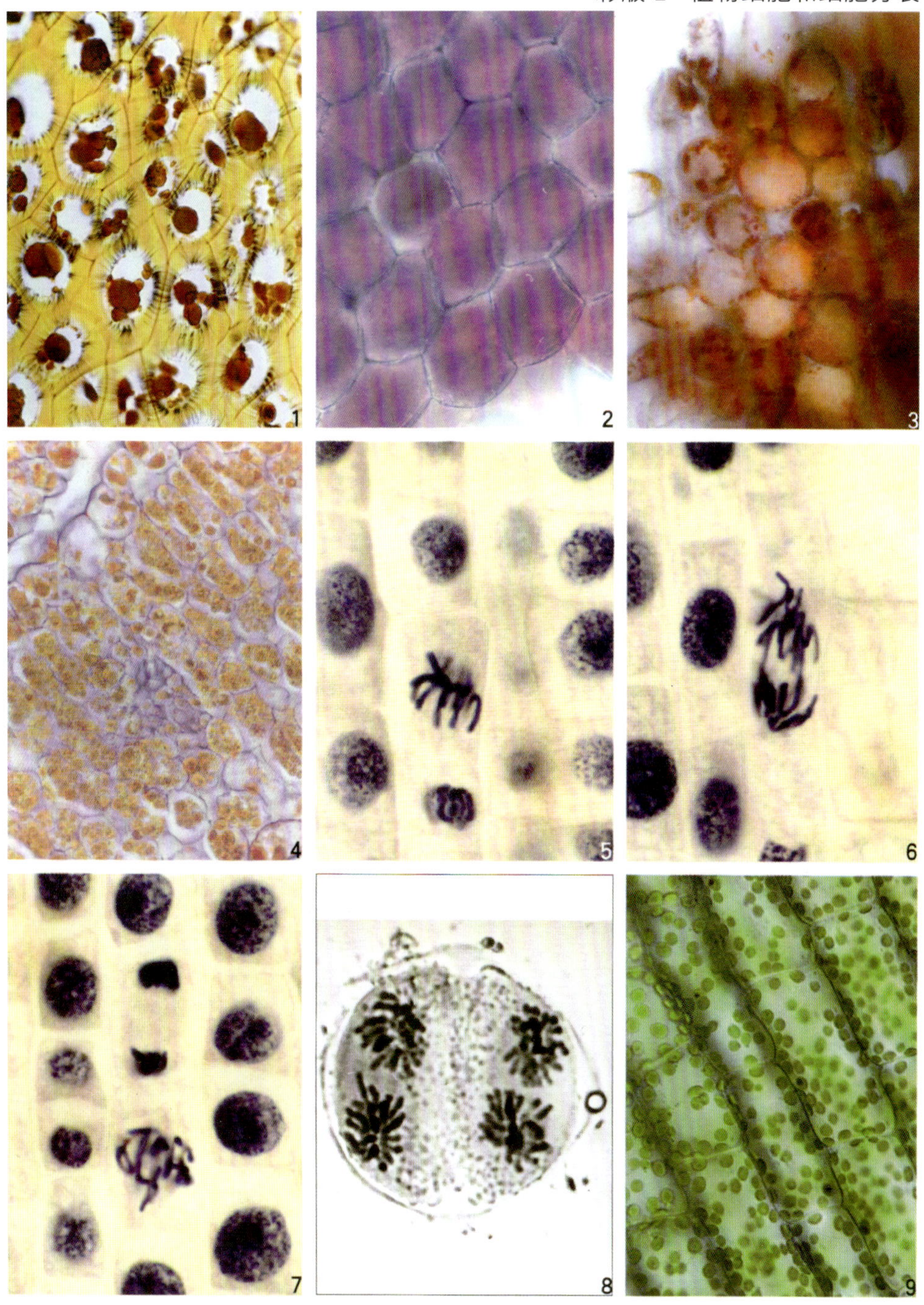


1. 柿子胚乳胞连丝　2. 瓜叶菊花瓣表皮细胞中的花青素　3. 洋葱根尖细胞有色体　4. 木棉子叶中的糊粉粒　5. 洋葱根尖细胞有丝分裂中期　6. 洋葱根尖细胞有丝分裂后期　7. 洋葱根尖细胞有丝分裂末期　8. 花粉母细胞减数分裂Ⅱ后期　9. 轮叶黑藻的细胞质运动

彩版 2　种子植物有性生殖

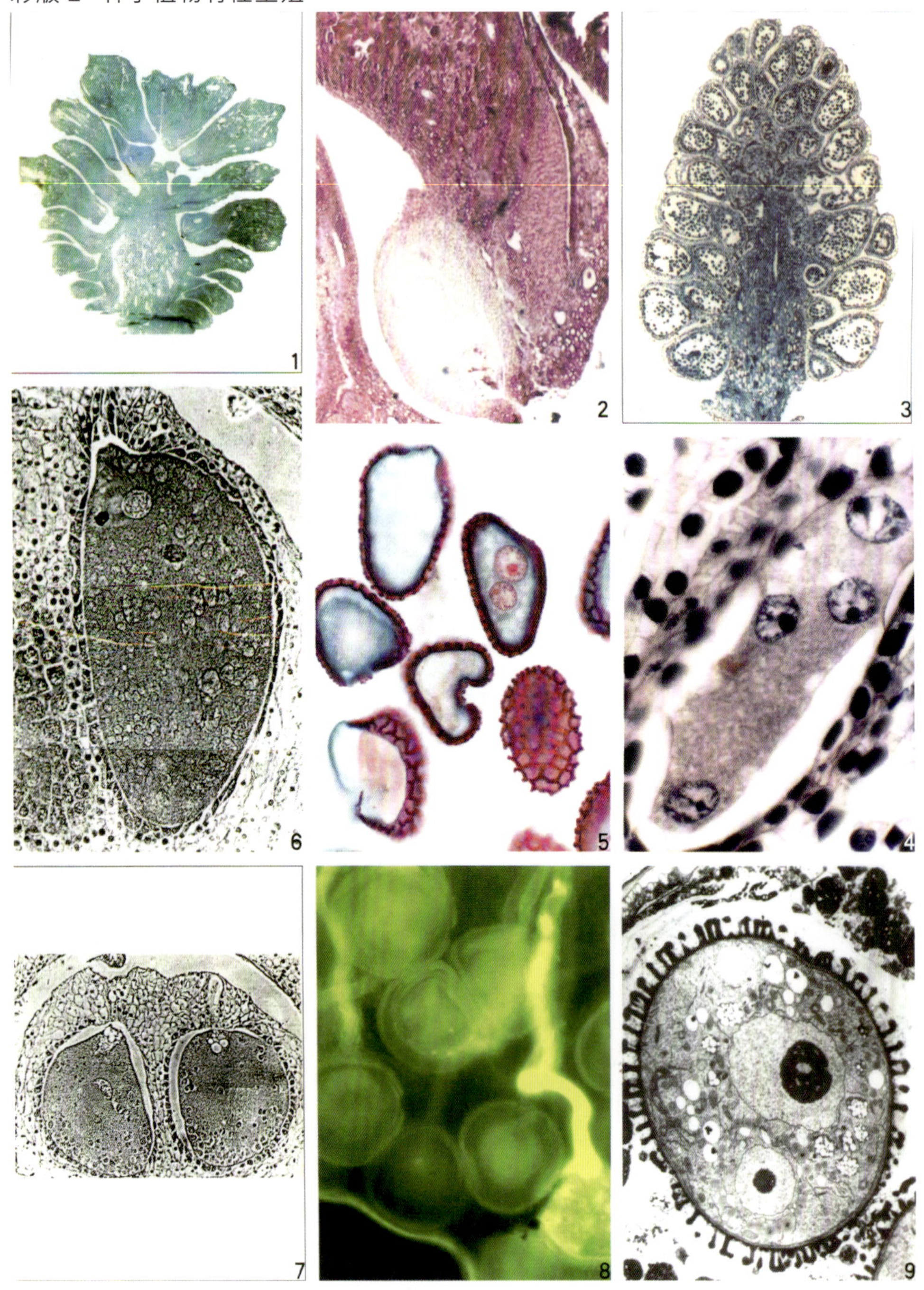

1. 松树雌性孢子叶球（示大孢子叶腹面的胚珠）　2. 松树大孢子叶球上的胚珠　3. 松树雌性孢子叶球（示小孢子叶背面的小孢子囊）　4. 百合发育中的胚囊　5. 百合二核花粉　6. 白皮松雌配子体中的颈卵器（注意颈卵器中的卵）　7. 白皮松颈卵器中的接受液泡及花粉管中的精子　8. 花粉在柱头上萌发的花粉管　9. 拟南芥二核花粉的电镜照片

1. 玉兰 2. 毛茛 3. 芍药 4. 紫叶小檗 5. 榆树 6. 桑树（引自马炜梁《高等植物及其多样性》）

彩版 4　植株及花解剖（二）

1. 板栗（引自马炜梁《高等植物及其多样性》）　2. 石竹　3. 紫花地丁　4. 毛白杨　5. 旱柳　6. 二月蓝

1. 荠菜　2. 报春花　3. 长寿花　4. 香茶藨子　5. 山桃　6. 三裂绣线菊

彩版 6 植株及花解剖（四）

1. 黄刺玫 2. 西府海棠 3. 合欢 4. 紫荆 5. 金雀儿 6. 黄杨

1. 矮牵牛　2. 圆叶牵牛　3. 附地菜　4. 夏至草　5. 连翘　6. 迎春花

## 彩版 8 植株及花解剖（六）

1. 地黄　2. 泡桐　3. 锦带花　4. 金银木　5. 瓜叶菊　6. 马蹄莲